中国中部煤田地质研究系列专著
国家重点研究与发展计划项目(No. 2018YFB0605601)资助
国家自然科学基金重点项目(No. 41330638)资助
安徽省高校协同创新项目(GXXT-2021-18)资助

沁水盆地无烟煤储层 CO_2-ECBM 流体连续性过程数值模拟研究

QINSHUI PENDI WUYANMEI CHUCENG CO_2- ECBM
LIUTI LIANXUXING GUOCHENG SHUZHI MONI YANJIU

方辉煌　桑树勋　张守仁
刘世奇　刘会虎　徐宏杰　著

中国地质大学出版社
ZHONGGUO DIZHI DAXUE CHUBANSHE

图书在版编目(CIP)数据

沁水盆地无烟煤储层 CO_2-ECBM 流体连续性过程数值模拟研究/方辉煌等著. —武汉:中国地质大学出版社,2021.9
(中国中部煤田地质研究系列专著)
ISBN 978-7-5625-5102-7

Ⅰ.①沁⋯

Ⅱ.①方⋯

Ⅲ.①煤层-储集层-地下气化煤气-流体-数值模拟-研究

Ⅳ.①P618.11

中国版本图书馆 CIP 数据核字(2021)第 181327 号

沁水盆地无烟煤储层 CO_2-ECBM 流体连续性过程数值模拟研究	方辉煌 桑树勋 张守仁 刘世奇 刘会虎 徐宏杰	著

责任编辑:李应争	选题策划:张 琰 李应争	责任校对:周 旭
出版发行:中国地质大学出版社(武汉市洪山区鲁磨路388号)		邮政编码:430074
电 话:(027)67883511	传 真:(027)67883580	E-mail:cbb@cug.edu.cn
经 销:全国新华书店		http://cugp.cug.edu.cn
开本:787毫米×1092毫米 1/16	字数:186千字	印张:7.25
版次:2021年9月第1版		印次:2021年9月第1次印刷
印刷:武汉精一佳印刷有限公司		
ISBN 978-7-5625-5102-7		定价:78.00元

如有印装质量问题请与印刷厂联系调换

前　言

　　煤、石油及天然气等化石燃料的长期使用使得大气中 CO_2 含量逐年增加,与之伴随而来的全球变暖等对人类社会、经济与环境的可持续发展均构成了威胁。国际社会正积极采取措施以抑制 CO_2 在大气中的持续增加。我国煤层气储量位居世界前三,煤层气开发具有改善能源结构、促进国民经济发展、完善煤层气开采技术等多重意义,但限于目前地质条件、工程技术等各方面局限,煤层气较低的抽采效率限制了其自身的大规模开发。因此,必须不断开发新技术,提高我国煤层气的采收率。

　　CO_2-ECBM 技术,即注入煤储层的 CO_2 利用煤储层对 CO_2 较 CH_4 的吸附优势,以竞争吸附 CH_4 的形式,在降低大气中 CO_2 排放的同时,不断提高 CH_4 采收率。CO_2-ECBM 技术具有降低温室气体与提高煤层气采收率等双重优势,迅速成为煤层气领域的研究热点。

　　沁水盆地是目前中国煤层气开发最有前景和最活跃的地区,其煤层气含量高达 10 000 亿立方米。煤层吸附性较强、区域性盖层良好、水动力条件弱、构造环境稳定,是沁水盆地开展 CO_2-ECBM 技术的有力支撑。中国在沁水盆地开展了 CO_2-ECBM 试验,在 CO_2 地质储存与提高 CH_4 采收率方面均取得了共赢的效果。CO_2-ECBM 技术对缓解我国天然气资源紧张现状及降低温室气体排放等具有重要的理论和现实意义。

　　基于数字岩石物理技术的煤储层孔裂隙结构三维数字化表征,可为煤层渗透性、流体赋存、煤层气运移和产出规律探讨提供基础,对微观尺度上 CO_2-ECBM 流体连续性过程数值模拟研究的开展也具有较大的推动性。CO_2-ECBM 数值模拟技术已成为描述煤层中 CO_2 地质存储、预测 CO_2-ECBM 工程效果的有效手段,是理论工作的继续与延伸,利于理论规律的进一步总结与深化,利于规划区的优选,利于进一步剖析煤层产气量、CO_2 储存量、煤储层渗透率等变化规律,是 CO_2-ECBM 工程实践取得理想效果的关键。

　　为进一步探讨数字岩石物理技术在煤储层孔裂隙结构研究中的应用及基于所提取等价孔裂隙网络模型的 CO_2-ECBM 流体连续性过程数值模拟研究,本书以国家重点研究与发展计划项目(No. 2018YFB0605601)与国家自然科学基金重点项目(No. 41330638)为依托,以沁水盆地南部无烟煤储层为研究对象,以无烟煤储层多尺度孔裂隙结构数字化重构表征、实验室尺度 CO_2-ECBM 流体连续性过程数值模拟及其连续性过程机制分析、工程尺度 CO_2-ECBM 流体连续性过程数值模拟为核心研究内容。本书将先进技术的应用与能源地质问题相结合,对充实煤层气开发地质与煤层 CO_2-ECBM 有效性理论研究具有重要的学

Ⅰ

术和实用价值。

本书内容分为沁水盆地 CO_2-ECBM 地质与工程背景、煤储层数字岩石物理技术、CO_2-ECBM 数值分析软件及其开发、无烟煤多尺度孔裂隙结构数字化重构表征、实验室尺度 CO_2-ECBM 流体连续性过程数值模拟、工程尺度 CO_2-ECBM 流体连续性过程数值模拟六大部分。全书由方辉煌博士、桑树勋教授主持撰稿。全书稿件由桑树勋教授、刘会虎教授审校,插图由方辉煌博士审校。

本书撰写过程中,参考并引用了大量学术专著、科技论文、科研报告、软件说明书及网络文献等,引用了"不同煤阶煤质及地质条件对 CO_2 驱煤层气的影响规律研究""深部煤层 CO_2 地质存储与 CH_4 强化开采的有效性理论研究""高阶煤储层结构三维模型构建及其 CO_2 注入的地球化学响应"等部分科研课题成果。中国矿业大学低碳能源研究院刘世奇研究员,中国矿业大学资源学院周效志副教授、黄华州副教授、王冉副教授,安徽理工大学地球与环境学院张平松教授、刘会虎教授、徐宏杰副教授在本书写作思路上提供了建设性意见,中国矿业大学桑树勋教授所带领的科研团队部分研究生参加了样品采集、制备与测试等工作。在此,谨向上述单位、个人表示诚挚的谢意!

本书牵涉的内容较多、范围较广,由于编者水平有限,难免存在遗漏和不妥之处,恳请读者批评指正。

著者谨识

2020 年 8 月

目 录

第1章 沁水盆地 CO_2-ECBM 地质与工程背景 ……………………… (1)

1.1 CO_2-ECBM 地质背景 ……………………………………………… (2)

1.2 CO_2-ECBM 工程背景 ……………………………………………… (8)

第2章 煤储层数字岩石物理技术 ……………………………………… (10)

2.1 储层岩石物理数据获取方法 ………………………………………… (10)

2.2 孔裂隙结构表征方法 ………………………………………………… (15)

2.3 实验样品采集与制备 ………………………………………………… (18)

第3章 CO_2-ECBM 数值分析软件及其开发 ………………………… (21)

3.1 COMSOL Multiphysics 软件 ………………………………………… (21)

3.2 MATLAB 软件 ………………………………………………………… (24)

3.3 COMSOL Multiphysics 软件与 MATLAB 软件仿真系统构建 ……… (25)

第4章 无烟煤多尺度孔裂隙结构数字化重构表征 …………………… (27)

4.1 孔裂隙结构参数定义 ………………………………………………… (28)

4.2 孔裂隙结构表征分析 ………………………………………………… (30)

4.3 煤层气储渗能力与孔裂隙结构的关系 ……………………………… (43)

第5章 实验室尺度 CO_2-ECBM 流体连续性过程数值模拟 ………… (48)

5.1 CO_2-ECBM 流体连续性过程数值模拟 …………………………… (49)

5.2 CO_2-ECBM 过程连续性机制分析 ………………………………… (63)

第6章 工程尺度 CO_2-ECBM 流体连续性过程数值模拟——以柿庄区块为例 ………………………………………………………………………（69）

    6.1 基本地质物理模型及基本假设 ………………………………………（69）
    6.2 温度场-流体场-应力场全耦合模型 …………………………………（70）
    6.3 温度场-流体场-应力场交叉耦合模型 ………………………………（76）
    6.4 耦合模型验证 …………………………………………………………（78）
    6.5 地质模型及生产数值模拟方案 ………………………………………（79）
    6.6 数值模拟结果及分析 …………………………………………………（82）

主要参考文献 ……………………………………………………………………（101）

第1章　沁水盆地 CO_2-ECBM 地质与工程背景

CO_2-ECBM 技术，即注入煤储层的 CO_2 利用煤储层对 CO_2 较 CH_4 的吸附优势，以竞争吸附 CH_4 的方式在降低大气中 CO_2 排放的同时，可不断提高 CH_4 采收率（图 1-1）[1-3]。CO_2-ECBM 技术具有改善能源与环境等多重效益，迅速成为煤层气领域的研究热点。在借鉴、学习美国和加拿大等国家关于 CO_2-ECBM 技术先导性试验的经验后，中国在沁水盆地也开展了 CO_2-ECBM 试验[2,4-6]，各先导性试验在 CO_2 地质储存与提高 CH_4 采收率方面均取得了共赢的效果。

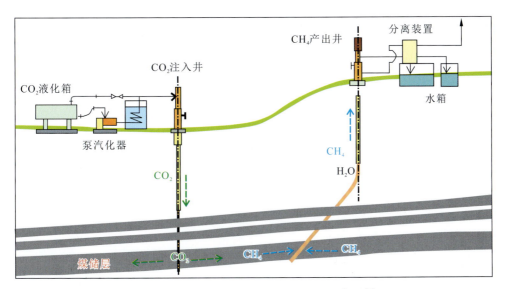

图 1-1　CO_2-ECBM 连续性过程示意图[1]

沁水盆地是目前中国煤层气开发最有前景和最活跃的地区之一，煤层气含量高达 10 000 亿立方米[7-8]。煤层吸附性较强、区域性盖层良好、水动力条件弱、构造环境稳定，是沁水盆地中心区开展 CO_2-ECBM 技术的有力支撑。本章主要从地层发育特征、构造特征、沉积环境特征及水文地质特征来分析沁水盆地 CO_2-ECBM 的地质背景，主要从中国已实施的 CO_2-ECBM 项目来分析沁水盆地 CO_2-ECBM 的工程背景。本章研究的主要目的是为煤储层孔裂隙发育特征及 CO_2-ECBM 流体连续性过程数值模拟研究提供必要的基础地质信息。

1.1 CO_2-ECBM 地质背景

沁水盆地处于我国山西省东南部,地理位置为北纬 35°15′—38°10′,东经 111°45′—113°50′(图 1-2),形状为总体呈中间收缩、长轴沿 NNE 向延伸的椭圆形[9];沁水盆地东部、西部、南部及北部分别被太行山、霍山、中条山及五台山山脉所包围,东西宽约 120km,南北长约 330km,总面积超过 30 000km²[7,10]。

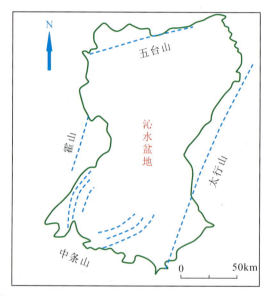

图 1-2 沁水盆地分布图

1.1.1 地层发育特征

沁水盆地主要位于沁水复向斜南部仰起端,地层分布具有典型的向斜盆地特征,边缘出露地层老,盆地内出露地层新[11,12],且盆地内含煤地层主要为石炭系—二叠系,尤以太原组(C_2—P_1t)和山西组(P_1s)含可采煤层(图 1-3)[13-15]。沁水盆地煤层总厚度介于 1.2~23.6m 之间,且单层最大厚度为 6.6m(图 1-3)。山西组 3 号、太原组 15 号煤层为区内主采煤层,横向分布较稳定(图 1-3)[16],为 CO_2-ECBM 工程项目实施提供了有利条件。

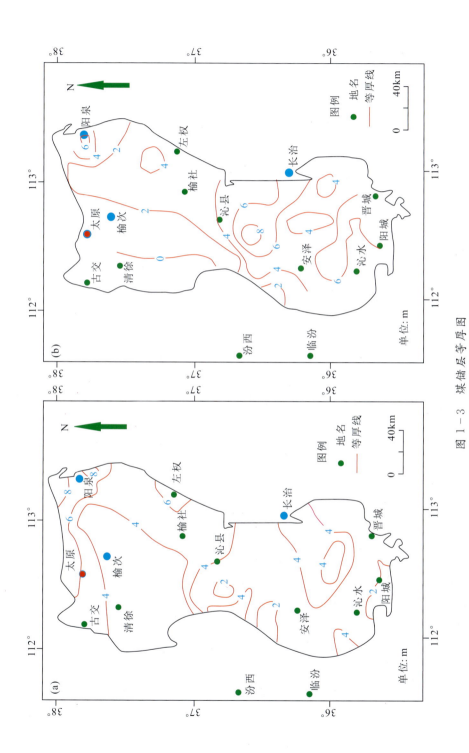

图 1-3 煤储层等厚图
(a) 太原组 15 号煤层；(b) 山西组 3 号煤层

1.1.2　构造特征

沁水盆地为华北克拉通的重要组成部分,且被华北克拉通、中亚造山带、塔里木地块、华南板块与西藏板块所包围[17-18]。沁水盆地南部、东部以晋霍断裂带为界与太行山隆起带相接,西部与霍山隆起带相邻,南部与中条山隆起带相接,北部与五台山隆起带相接[图1-4(a)][7,10]。

沁水盆地南部现今构造形态为一近 NE—NNE 向复向斜,榆社—沁县—郑庄一线为向斜构造轴线所在;该向斜东西两翼对称,且倾角4°左右[图1-4(b)][19-25]。沁水盆地北部及南部斜坡仰起端,以 SN 向及 NE 向褶皱为主,局部为弧形走向及近 EW 向的褶皱;沁水盆地的西部、西北部及东南缘以发育 NE、NNE、NEE 向高角度正断层为主[图1-4(b)][19-25]。沁水盆地断层构造主要发育于研究区西北部与东南边缘,盆地中心构造较为稳定;断层构造发育区不利于 CO_2-ECBM 工程试验的开展,断层构造非发育区则利于 CO_2-ECBM 工程试验的开展[16,26]。

1.1.3　沉积环境特征

含煤建造及硅质岩建造为沁水盆地石炭系—二叠系沉积主要类型,主要由碳酸盐岩及硅质碎屑岩混合组成[26]。由海相向陆相转化是沁水盆地石炭系—二叠系总体沉积规律,且为沁水盆地煤层气藏形成的生储盖组合及储层物质基础提供了较为有利的沉积环境[19-25,27]。

太原组(C_2—P_1t)发育了一套海陆交互相沉积,主要形成了碳酸盐岩及障壁沙坝沉积体系[图1-5(a)][19-20,22-26,28-30]。山西组(P_1s)为三角洲沉积,该沉积主要发育于陆表海沉积环境中,主要为三角洲河口沙坝、支流间湾过渡为三角洲平原相[图1-5(b)][19-20,22-26,28-30]。山西组(P_1s)沉积呈南北相带分异特点,主要表现为三角洲相逐渐取代潮坪-浅水陆棚相[26,31-32]。

1.1.4　水文地质特征

一般而言,地下水的动力控气作用可概括为水力封堵、水力运移逸散及水力封闭3种主要作用(图1-6)[16]。

水力运移逸散作用导致气体散失是 CO_2 气体注入后潜在的泄露通道。水力封闭作用、水力封堵作用有利于注入 CO_2 的储存[33-34]。沁水盆地从边缘到轴部,地下水条件由活跃转变为滞留,盆地强径流带注入的 CO_2 易逸散。沁水盆地径流相对较弱的中部和东南部地下水滞留明显,其主要原因为晋霍断裂带、寺头断层的高度阻水性使注入的 CO_2 易保存(图1-6)[26,34-35]。

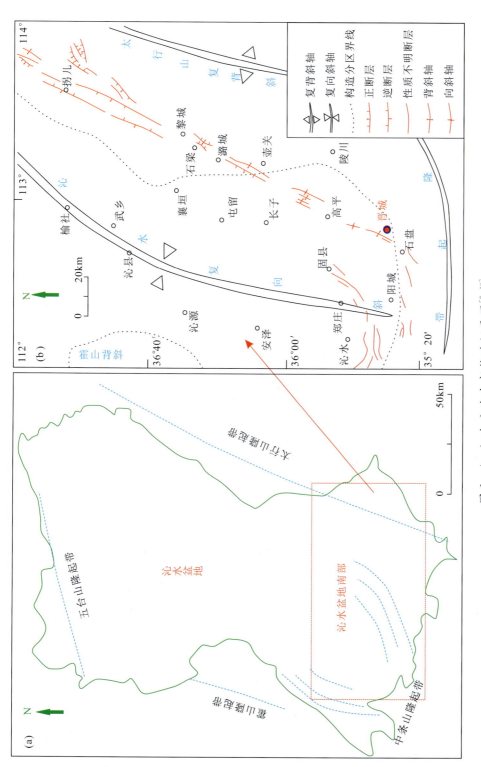

图1-4 沁水盆地南部构造纲要图[7,10]

(a)研究区地理位置图;(b)研究区构造纲要图

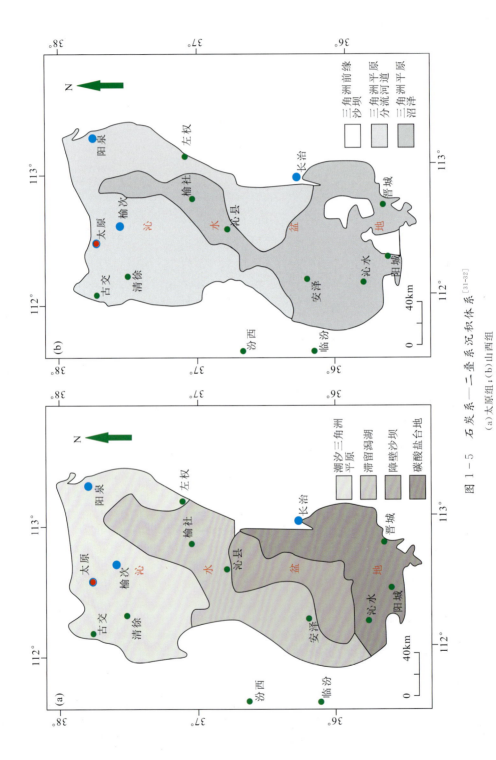

图 1-5 石炭系—二叠系沉积体系[31-32]

(a)太原组；(b)山西组

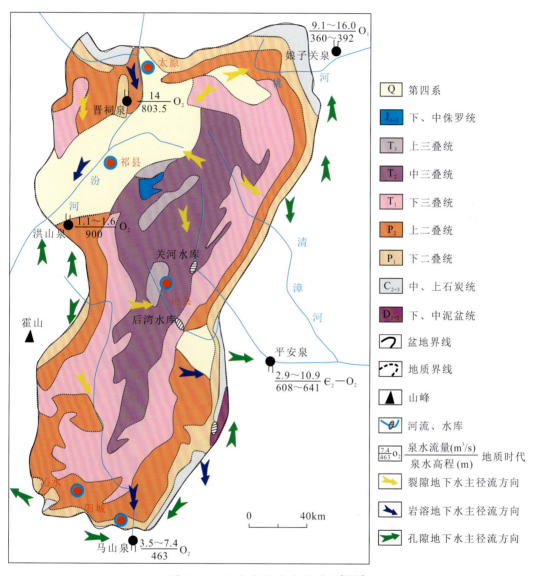

图1-6 沁水盆地水文地质图[33-34]

1.2　CO_2-ECBM 工程背景

近年来,CO_2-ECBM 技术在世界范围内受到了广泛关注,当前已在美国、加拿大、日本、欧洲国家和中国开展了微型先导性试验。中国 CO_2-ECBM 技术相对于国外起步较晚,仍处于理论与实践的探索阶段。中国已实施的 CO_2-ECBM 项目统计如下(表2-1)。

表2-1　中国已实施的 CO_2-ECBM 项目列表

编号	项目名称	工程地址	注CO_2时间	注入量	井型
1	沁水盆地 (ECBM-2004)	沁水盆地 (柿庄南)	2004-04-06	192.8(t/13d)	垂直单井
2	沁水盆地 (ECBM-2010)	沁水盆地 (柿庄北)	2010-04-05	233.6(t/17d)	垂直单井
3	沁水盆地 (ECBM-多井)	沁水盆地 (柿庄北)	2013—2015	4491(t/460d)	注气井(3口) 生产井(8口)
4	沁水盆地 (ECBM-水平井)	沁水盆地	2016—2017	—	多分支 水平井

2004年,中国和加拿大在沁水盆地南部联合开展了 CO_2-ECBM 微型先导性试验合作,这是中国最早的 CO_2-ECBM 项目。向 TL-003 井 3 号煤层注入了 192.8t 液态 CO_2,监测到排采气体中 CH_4 含量自 30% 升至 55%,在开展 CO_2-ECBM 工程试验的同时,推动了高阶煤中 CO_2-ECBM 技术的研究[25]。注气时,监测井底压力及温度变化;采气时,气相色谱监测产出气体成分。

2010年,中联煤层气有限责任公司在沁水盆地柿庄北区块开展了单井 CO_2-ECBM 技术的现场试验,同样取得了丰硕的研究成果。注入煤层为 3 号煤层,位于井底 923m 位置处。整个注入期间的地面设备有 CO_2 槽车、注入泵和井口。通过注入泵将 CO_2 注入到煤层中,关井 30d,然后重新开井生产。

2013—2015年,在国家科技重大专项 42 课题"深部煤层气开采技术研究与测试"的支持下,在沁水盆地深部柿庄北区块(山西长子县)继续实施了 CO_2-ECBM 井组注气实验。该项目含 3 口注气井、8 口生产监测井,目标煤层为 3 号煤层,深部 1000m,井距 205~329m(图1-7)。

2016—2017年来,中国华能集团公司在沁水盆地进行了深部煤层 CO_2-ECBM 多分支水平井注气实验,计划注入 1000t CO_2,这是在中国实施的最大的 CO_2-ECBM 项目。

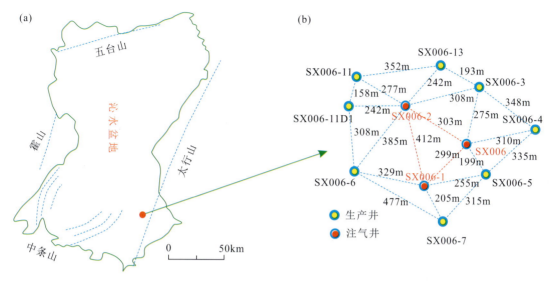

图 1-7　沁水盆地深部柿庄北区块 CO_2-ECBM 井组注气实验井网分布

综上所述，沁水盆地 CO_2-ECBM 地质与工程背景的具体分析主要为煤储层孔裂隙发育特征及 CO_2-ECBM 流体连续性过程数值模拟研究提供了必要的基础地质信息，即为后续实验室尺度及工程尺度数值模拟研究提供了初始条件、边界条件等地质约束参考。

第 2 章 煤储层数字岩石物理技术

高精度的孔裂隙结构成像技术与现代计算机技术相结合而诞生的数字岩石物理技术是一种有效的储层精细表征手段[36-42]。基于数字岩石物理技术,既可对煤储层的三维孔裂隙结构进行重构表征,又可对煤储层孔裂隙几何与拓扑结构参数进行量化统计与分析[37,43-45]。

2.1 储层岩石物理数据获取方法

本次研究主要采用计算机断层扫描技术(即 X-ray CT,X-ray Computed Tomography[38,46-48])与聚焦离子束扫描电镜技术(即 FIB-SEM,Focused Ion Beam-Scanning Electron Microscopy[49-51])进行煤储层的三维切割扫描,以获得煤储层岩石物理数据,即煤储层孔裂隙结构的三维重构数据。X-ray CT 扫描分析和 FIB-SEM 三维切割扫描分析分别采用德国 Carl Zeiss 公司生产的 Xradia 520 Versa CT 扫描仪[图 2-1(a)]和 Crossbeam 540 聚焦离子束扫描电镜[图 2-1(b)][26,38,52]。

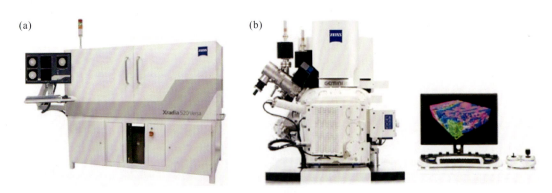

图 2-1 煤储层孔裂隙结构三维模型构建系统
(a)Xradia 520 Versa CT 扫描仪;(b)Crossbeam 540 聚焦离子束扫描电镜

2.1.1 X-ray CT 扫描成像

X-ray CT 扫描技术是指利用 X 射线对被检测物体进行立体切片式扫描成像,并利用计算机编程语言或相应的可视化技术进行扫描切片的立体重构技术,此技术可对非透明物体内部组成及结构进行无损化扫描。

1) X-ray CT 扫描成像原理

根据光电效应,当 X 射线通过某物体时,可被物体吸收,从而使 X 射线强度减弱[53]。以一个线性衰减系数为 μ,且均匀分布的材料为例,当其被 X 射线以入射强度 I_0 照射时,X 射线的衰减符合朗伯比尔定律[53-55]:

$$I = I_0 e^{-\mu \Delta x} \tag{2-1}$$

其中,I 为 X 射线穿透物体后的光强;Δx 为入射 X 射线的穿透长度。

对于由多个元素组成的混合物或复合材料而言:

$$\mu = \sum_i a_i \mu_i \tag{2-2}$$

其中,μ_i 与 a_i 分别表示某一组成部分 i 的衰减系数和质量百分比,则:

$$I = I_0 e^{-\mu_1 \Delta x} e^{-\mu_2 \Delta x} e^{-\mu_3 \Delta x} \cdots e^{-\mu_n \Delta x} = I_0 e^{-\sum_{i=1}^{n} \mu_i \Delta x} \tag{2-3}$$

式(2-3)可以进一步推算为:

$$-\ln\left(\frac{I}{I_0}\right) = \ln\left(\frac{I_0}{I}\right) = \sum_{i=1}^{n} \mu_i \Delta x = \int_L \mu_i \mathrm{d}x \tag{2-4}$$

由式(2-4)可知,X 射线衰减系数与传播路径的线性积分等于输入强度与输出强度之比的对数。在 X-ray CT 扫描技术中,图像的重建通过对射线衰减系数的计算来实现,这一系数与式(2-4)中的比值密切相关。

2) X-ray CT 扫描成像系统

在数字岩石物理实验中,X-ray CT 扫描成像系统主要由 X-ray 源、精密样品台、高分辨率探测器、数据处理系统及控制器系统等组成(图2-2)。所发出的 X 射线经扫描样品后被高分辨率探测器所接收,继而被转化为电信号,然后输送至计算机。控制器系统控制着整个 X 射线扫描过程。被扫描样品的密度越大,对 X 射线源所发出的 X 射线吸收越多。利用计算机技术可获得样品的三维灰度图像,图像内的灰度值与被扫描样品的密度值存在联系,灰度值间的差异正好可以反映样品内部组成及结构的差异。

第一步,将待扫描煤样固定于精密样品台上,打开 X 射线源开关;第二步,高分辨率探测器检测被扫描样品所吸收、衰减后的 X 射线;第三步,计算机软件自动记录并存储转化为电子信号后的 X 射线;第四步,一次扫描成功后,旋转样品台上的样品夹持器至一定角度,并重复完成一次新的扫描,待样品夹持器所旋转角度达到 360°时,就完成了一个煤样的全部扫描工作。

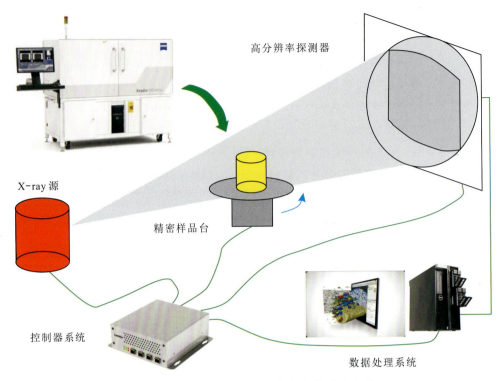

图2-2 X-ray CT扫描技术成像系统组件

3) X-ray CT扫描成像核心步骤

采用X-ray CT成像技术建立三维数字岩心可分为以下六步[37,56]：① 制备测试样品。将采集于煤矿区的不规则煤样制备成直径2mm、高度2mm左右的圆柱体。② X-ray CT扫描。基于实验要求选择合适的分辨率(扫描像素为200nm,空间分辨率为1μm)，并基于煤样扫描(每个样品共扫描3600次)建立煤储层数字岩心的二维灰度切片[57]。③ 滤波处理。基于中值滤波原理,对二维灰度图像进行降噪处理[45,57]。④ 二值化处理。采用图像分割技术将煤储层灰度切片图像转换为二值化图像,继而分割出骨架和孔隙空间等两相系统[37,57-58]。⑤ 平滑处理。对二值化图像进行平滑处理,并剔除孤立的岩石骨架[53]。⑥ 代表性体积单元。选定表征三维数字岩心的最佳尺寸[44,59]。

应用X-ray CT成像技术建立数字岩心,主要涉及3个关键问题：① 选择最佳扫描分辨率。如果煤储层具有较好的均质性与较小孔径的孔隙,可选用最高分辨率的扫描仪器,以便更好地识别煤储层内部的孔隙空间;如果煤储层具有较好的非均质性与较大孔径的孔隙,则需降低扫描分辨率,以便能够更好地识别孔隙空间中的主要渗流通道[36,57,60-61]。② 灰度图像二值化。主要采用分水岭算法进行灰度图像分割,设定一个阈值范围,灰度值高于阈值最大值的区域视为骨架,小于阈值最小值的区域视为孔隙空间[47,62]。③ 代表性体积单元分析。三维数字岩心的尺寸越大,岩石宏观物理属性的模拟结果越准确,但计算机存储能力和运算速度对计算机内存的要求导致三维数字岩心的尺寸不宜过大。基于此,需要引入代表性体积单元的概念,即能反映煤样宏观物理属性的最小尺寸[36-37,44,57,59]。

2.1.2　FIB-SEM 三维切割扫描成像

众所周知,场发射扫描电子显微镜(FE-SEM)具有出色的成像和分析性能,聚焦离子束(FIB)具有优异的加工性能。FIB-SEM 技术正好结合了 FE-SEM 与 FIB 在加工、成像与分析等性能方面的优势。

较高的样品扫描分辨率和能真实还原煤储层孔裂隙的三维结构一直是数字岩石物理技术所追求的目标[53]。基于镓离子束的连续切割及同一时间下电子束的成像,FIB-SEM 技术能在追求较高分辨率的同时,避免人造孔裂隙的产生[63-66],可提供一种研究煤储层纳米孔隙结构的新手段。

国内学者应用 FIB-SEM 技术初步建立了煤和页岩的纳米级孔隙结构,并论证了方法的可行性[63-64]。然而,目前 FIB-SEM 技术在煤的纳米级孔隙结构方面的应用尚处于起步阶段[47],煤储层结构数字化表征方法尚未形成。

1)FIB-SEM 扫描原理

离子束的功能主要在于刻蚀样品观察面,电子束的作用主要在于对样品刻蚀后的观察面进行成像[63,67-68];电子束与离子束位置固定,但样品台可移动,且离子束与水平面有 38°的夹角。因此,需要旋转样品台 52°,以使样品台与离子束相垂直。设置离子束能量与观察面剥蚀厚度要求一致。离子束边剥蚀,电子束边成像,不断重复,直到扫描成像全部完成(图 2-3)[64-66,69]。

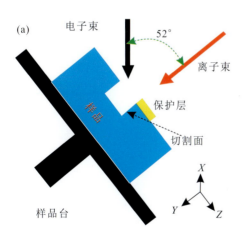
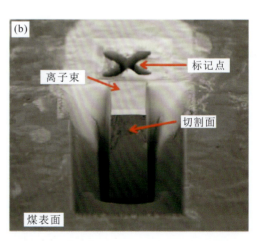

图 2-3　FIB-SEM 扫描[63,69]
(a)FIB-SEM 成像原理示意图;(b)BSE 成像

2) FIB-SEM 扫描步骤

FIB-SEM 三维切割扫描采用与 X-ray CT 扫描相同的小煤柱,且构建方法与 X-ray CT 扫描类似。FIB-SEM 扫描基本步骤如下[70-71]:① 放置测试样品于 FIB-SEM 样品室,并开始抽真空;② 开启电子束装置,同时调整电镜工作距离,并基于背散射模式选择感兴趣区域;③ 旋转样品台与水平面呈 52°夹角,并对感兴趣区域进行喷金处理;④ 离子束刻蚀样品观察面,电子束对刻蚀后的样品观察面进行成像;⑤ 先用大束流离子束剔除感兴趣区域周缘,再利用小束流离子束进行细切;⑥ 依据观察面剥蚀厚度要求,进行离子束、电子束参数设置;⑦ 离子束边剥蚀,电子束边成像,不断重复,直到扫描成像全部完成(图 2-4)。

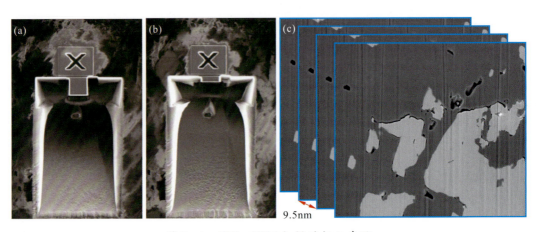

图 2-4　FIB-SEM 扫描的核心步骤

(a)样品刚切割时的图像;(b)样品连续切割完成时同一区域的图像;(c)切割后连续二维切片

3) FIB-SEM 扫描图形预处理

由于 FIB-SEM 扫描技术与其他数字岩心物理技术间存在差异,需对所获得的二维切片进行预处理后,方可对扫描煤样进行可视化分析,并对内部孔裂隙结构进行定量化分析[63,69]。预处理过程如下:① 图形修正。由 FIB-SEM 扫描步骤分析可知,电子束与观察面有 52°的夹角,则图像在 Y 轴方向有缩减值为 sin52°的缩减效应,因此,需在 Y 轴上对图像进行修正。② 位置矫正。FIB-SEM 扫描成像过程中,相邻的图像间位置存在偏移,需对图像位置进行矫正,常采用最小二乘法处理。③ 亮度矫正。由 FIB-SEM 扫描原理及扫描步骤分析可知,由于观察面与电子束不垂直,且观察面前端常受到刻蚀区遮挡,因此,最终扫描图像的亮度由上至下会逐步变暗。当刻蚀区宽度等于观察面深度的 3 倍左右时,可有效降低图像的亮度差异;后期借助于可视化软件也可进一步对剩余亮度差异进行处理。

2.2 孔裂隙结构表征方法

2.2.1 孔裂隙结构构建方法

为分析孔裂隙结构特征,需在所扫描的数据体中提取等价的孔裂隙网络模型。首先需要对二维切片进行可视化重构与分析,主要工作包括二维切片预处理、阈值选取与图像分割以及代表性体积单元分析。

1) 二维切片预处理

图像处理精度越高,孔裂隙结构的三维重构效果越好[53,72]。基于 X-ray CT 扫描与 FIB-SEM 扫描所获得的原始切片或多或少会受到噪声的影响,对后续的图像处理会产生不利的影响。因此,需对原始的二维切片进行降噪处理。中值滤波处理能很好地保护孔隙的完整性,且使孔隙与煤基质间的过渡变得光滑[59]。

2) 阈值选取与图像分割

实现从二维切片到三维图像的转变是阈值分割的目的所在,可将孔隙与基质分割开。基于所选定阈值的图像分割法是图像分割中运用较为广泛的方法,其核心思想是依据图像的灰度值直方图信息来获得用于图像分割的阈值[37]。在实际研究中,切片的灰度值直方图以呈单峰模式为主,只有少数样品会呈双峰模式。若图像的灰度值直方图呈双峰模式,则局部最小灰度值可作为图像分割的阈值。

3) 代表性体积单元分析

选择能有效表征储层岩心宏观物性的最小单元体,即代表性体积单元 REV(Representative Elementary Volume)[37,53,73-75],能够有效减少计算机的内存用量,并加快计算运行速度。小于 REV 尺度获得的岩石物性波动明显,而大于 REV 尺度的岩石物性趋于稳定[76]。分析孔隙度与 REV 尺寸的变化规律可决定 REV 的大小[53,73]。

2.2.2 孔裂隙网络模型构建方法

前文对煤储层岩石物理数据获取方法体系进行了构建,紧接着需对孔裂隙网络模型进行构建。最大球算法能很好地捕捉孔裂隙空间的拓扑、几何结构及其连通性,常被用于构建孔裂隙网络模型(图2-5)。

本次研究主要采用最大球算法构建等价孔裂隙网络模型[77-78]。首先,以孔隙空间中的任一点为基点(图2-5中的红色部分),不断寻找以该点为圆心,且与骨架边界相切的最大内接球(图2-5中的红色圆圈);其次,当所有内切球被找到后,包含于内切球中的其他内切

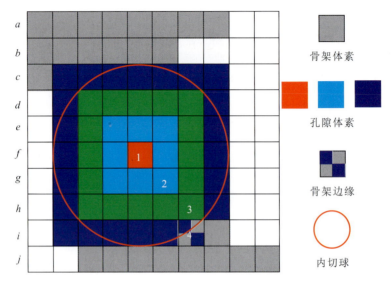

图 2-5　最大球算法示意图[78]（引自雷健等，2018）

球将被移除，剩下的内切球将构成球集；再次，采用聚类算法可对最大球面进行分类归并，并识别孔隙与喉道；最后，孔隙可以用较大的球体表示，喉道可以用一系列较小的球体表示。

2.2.3　孔裂隙结构多尺度表征方法

煤储层非均质性较强，孔裂隙大小变化可跨越多个数量级。在不同尺度范围内（纳米尺度—微米尺度—厘米尺度等），通过单一分辨率扫描的三维煤储层图像所提取的孔裂隙网络模型难以同时描述多尺度间的孔隙网络模型，继而难以准确研究煤储层中多相流的微观渗流机理[79-80]。因此，进行孔裂隙结构的尺度粗化处理意义重大，主要有以下 5 个方面：①煤储层内部结构可被全面深入地分析；②煤储层岩心的渗透性、多相流特性可被迅速、准确地计算；③岩心的其他物理性质也可被迅速、准确地计算；④可以全面深入地分析孔隙介质的流体特性；⑤可以对非均质岩心做出整体有效的评价[81]。

1）多分辨率扫描方案设定

本次孔裂隙结构尺度粗化处理研究将尺度聚焦于纳米尺度、微米尺度及厘米尺度（图 2-6）。

对于厘米尺度而言，即将所采集的煤块钻取直径为 2.5cm、高度为 10cm 的煤柱，并进行厘米尺度 X-ray CT 扫描[图 2-6(b)]；对于微米尺度而言，即在煤柱内选择感兴趣的区域进行微米尺度 X-ray CT 扫描[图 2-6(c)]；对于纳米尺度而言，即在微米尺度 X-ray CT 扫描体内选择感兴趣的区域进行 FIB-SEM 扫描[图 2-6(d)]。

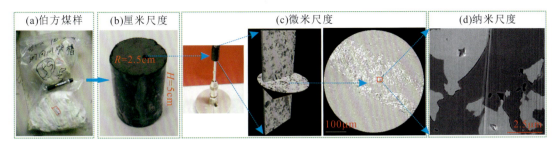

图2-6　伯方矿煤样品多尺度扫描方案
(a)伯方矿煤样品;(b)厘米尺度;(c)微米尺度;(d)纳米尺度

本次研究,不同的扫描分辨率被用于不同尺寸的煤储层样品扫描过程中。厘米尺度上,煤储层岩心尺寸大约几厘米,扫描分辨率大约几十微米,往往只可反映裂隙、大孔隙及夹层的煤储层结构特征[图2-6(b)];微米尺度上,扫描分辨率大约几微米,岩心内大部分孔隙皆可被准确识别[图2-6(c)][80];纳米尺度上,煤储层样品尺寸大约0.05~0.1mm,扫描分辨率大约10nm,可以看出在该尺度上依然有部分孔隙存在[图2-6(d)]。

2)多分辨率孔裂隙结构尺度粗化处理

本次研究主要采用图像配准的方式进行多分辨率孔裂隙结构的尺度粗化处理研究(图2-7)。图像配准的实质是通过空间上的一系列变换操作,使具有不同分辨率的两幅图像间的对应点在空间位置上达到一致,继而获得提取低分辨率图形中孔裂隙结构的阈值。图像配准的两幅具有不同分辨率的图像,往往以高分辨率的图像为参考图像,以低分辨率的图像为配准图像。

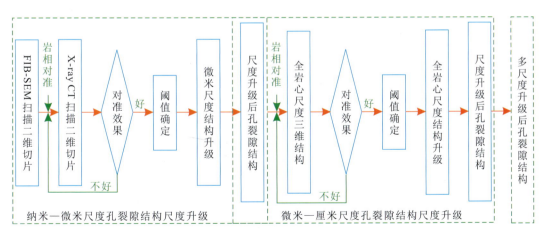

图2-7　纳米—微米—厘米尺度孔裂隙结构尺度粗化处理流线图

本次研究以纳米—微米—厘米3个尺度作为多尺度粗化处理过程进行阐释(图2-6、图2-7),但多尺度的孔裂隙结构粗化处理过程往往不局限于此。被划分(扫描)的尺度越多,待配准的不同分辨率级别的图像就越多,则图形配准效果越好,尺度粗化处理后的结果越精确,能更好地反映煤储层各尺度间的孔裂隙网络模型,后期的流体运移模拟结果也更精确。

2.3 实验样品采集与制备

2.3.1 采样点分布

为遴选本次研究的无烟煤储层,选取余吾矿、赵庄矿、伯方矿及寺河矿煤样开展煤岩煤质测试分析。所选煤样最大镜质组反射率($R_{o,max}$)均介于 2.19%~3.33% 之间(表 2-1),测试煤样变质程度均较高。

表 2-1 测试样品的煤岩煤质分析表

采样地点	$R_{o,max}$/%	工业分析/wt.%				煤岩显微组分/vol.%		
		M_{ad}	A_{ad}	V_{daf}	FC_{ad}	Vit	Ine	Min
余吾矿	2.19	1.10	11.98	13.44	76.19	73.16	23.66	3.18
赵庄矿	2.44	1.61	12.16	10.46	78.65	78.26	19.37	2.37
伯方矿	2.83	2.05	9.40	9.86	81.67	69.74	27.50	2.75
寺河矿	3.33	1.48	13.12	6.32	81.39	79.84	18.36	1.80

注:wt.% 为质量百分比;vol.% 为体积百分比;$R_{o,max}$ 为平均最大镜质组反射率;M_{ad} 为水分含量,空气干燥基;A_{ad} 为灰分含量,空气干燥基;V_{daf} 为挥发分含量,干燥无灰基;FC_{ad} 为固定碳含量;Vit 为镜质组含量;Ine 为惰质组含量;Min 为矿物含量。

具体而言,余吾矿煤样为贫煤,赵庄矿煤样为贫煤/无烟煤,伯方矿及寺河矿煤样为无烟煤(表 2-1)。因此,本次研究选取伯方矿及寺河矿煤样开展研究,实验样品采集点分布见图 2-8。煤样的采集、包装、保存、运输及相关基础测试均遵循国家(或国际)相关标准,如《煤岩样品采取方法》(GB/T 19222—2003)、《煤岩分析样品制备方法》(GB/T 16773—2008)和《煤的岩相分析法 第 3 部分:煤的基本微观结构群组成的测定方法》(ISO 7403.3—2009)[82-83]。

被氧化后的煤样会影响后期样品的相关物理、化学性质测试,因此需对采集后的煤样进行防氧化处理。将工作面所采集的大块煤样直接用吸水纸包裹,紧接着用胶带缠绕,并放入密封袋内保存(图 2-8)。

图 2-8 采样点分布及样品防氧化处理

2.3.2 样品制备

X-ray CT 扫描技术对样品的制备规格要求为测试煤样样品无需特殊形状。遵循的原则为不同尺寸的样品所需的最高分辨率不同,样品尺寸越小扫描的最高分辨率越高,且无需考虑横向尺寸。本次研究,X-ray CT 扫描成像所采用的样品为直径 2mm、高度 2mm 左右的小煤柱,由机械钻样机钻取(图 2-9)。

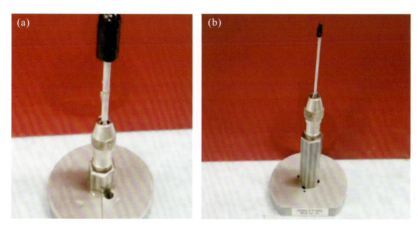

图 2-9 制备完成且可用于 X-ray CT 扫描的实验样品

(a)伯方矿样品;(b)寺河矿样品

FIB-SEM 扫描技术对样品的制备规格要求[47,63-64]为将煤样切割成大小合适的块体（5cm×5cm×1cm）；需对切割样品进行喷金处理，以便增强样品的导电性；煤样切割深度必须小于 50 μm（图 2-10）。

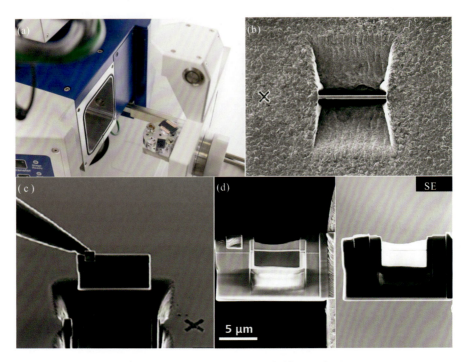

图 2-10　FIB-SEM 扫描技术样品制备过程
(a)FIB 定位及粗加工；(b)自动制样及参数定义；(c)纳米手转移；(d)样品减薄（图片来源：bbs.elecfans.com）

扫描样品的制备主要包含 4 个方面：①FIB 定位及粗加工。样品交换室的导航相机可对感兴趣的区域进行定位，并可在 SEM 上获得宽视野、无畸形的图像[图 2-10(a)]。②自动制样及参数定义。定义包含漂移修正、表面沉积以及粗切、精细切割等参数[图 2-10(b)]。③纳米手转移。导入机械手，将薄片样品焊接在机械手的针尖上，并将薄片样品与样品基体连接部分精细切割使其分离[图 2-10(c)]。④样品减薄。可同时通过收集两个探测器（SE 探测器、Inlens SE 探测器）的信号判断薄片厚度[图 2-10(d)]。

综上所述，基于伯方矿及寺河矿无烟煤样品的采集、制备及扫描，且基于 X-ray CT 扫描及 FIB-SEM 扫描等数字岩石物理技术的联合应用，既可实现煤储层多尺度的三维孔裂隙结构重构表征，又可对煤储层孔裂隙几何与拓扑结构参数进行量化统计与分析。

第 3 章　CO_2-ECBM 数值分析软件及其开发

数值分析是求解含多个变量的高度非线性方程组所采用的核心方法,具体有有限差分法、有限元法、边界元法等。基于有限元理论,本次 CO_2-ECBM 流体连续性过程数值模拟研究主要采用先进的多物理场有限元数值模拟软件——COMSOL Multiphysics（资料来源:www.comsol.com）对所推导的多物理场全耦合数学方程组进行分析求解,并采用 MATLAB 软件对数值模拟的地质模型进行网格优化,并对 COMSOL Multiphysics 处理后的仿真结果进行可视化优化。

3.1　COMSOL Multiphysics 软件

COMSOL Multiphysics 是一款大型的高级数值仿真软件,广泛应用于各个领域的科学研究以及工程计算中,被当今世界科学家称为"第一款真正的任意多物理场直接耦合分析软件"。COMSOL Multiphysics 软件以高效的计算性能和杰出的多场双向直接耦合分析能力实现了高度精确的数值仿真。Multiphysics 翻译为多物理场,其本质就是偏微分方程组(PDEs),所以只要是可以用偏微分方程组描述的物理现象,COMSOL Multiphysics 软件都能够很好地计算、模拟、仿真。

COMSOL Multiphysics 软件是多场耦合计算领域的伟大创举,它基于完善的理论基础,整合丰富的算法,兼具功能性、灵活性和实用性于一体,并且可以通过附加专业的求解模块进行极为方便的应用拓展(图 3-1)。具体分析模块有 AC/DC 模块、声学模块、化学物质传递模块、电化学模块、流体流动模块、传热模块、光学模块、等离子体模块、射频模块、半导体模块、结构力学模块及数学模块。外部整合接口有 SolidWorks 实时交互、Simpleware ScanFE 模型导入、MATLAB 和 Simulink 联合编程以及 MatWeb 材料库导入(图 3-1)。

COMSOL Multiphysics 软件拥有良好的用户操作界面(图 3-2),可以使科研工作者方便地建模和设置参数。一般多物理场的模拟研究通常采用以下步骤进行建模和求解。

(1)选择模型空间维度:典型的空间维度有零维、一维、一维轴对称、二维、二维轴对称、三维。

(2)选择物理场:基于数学模型和模拟条件,可对上述 12 个独立模块自行选择组合进行

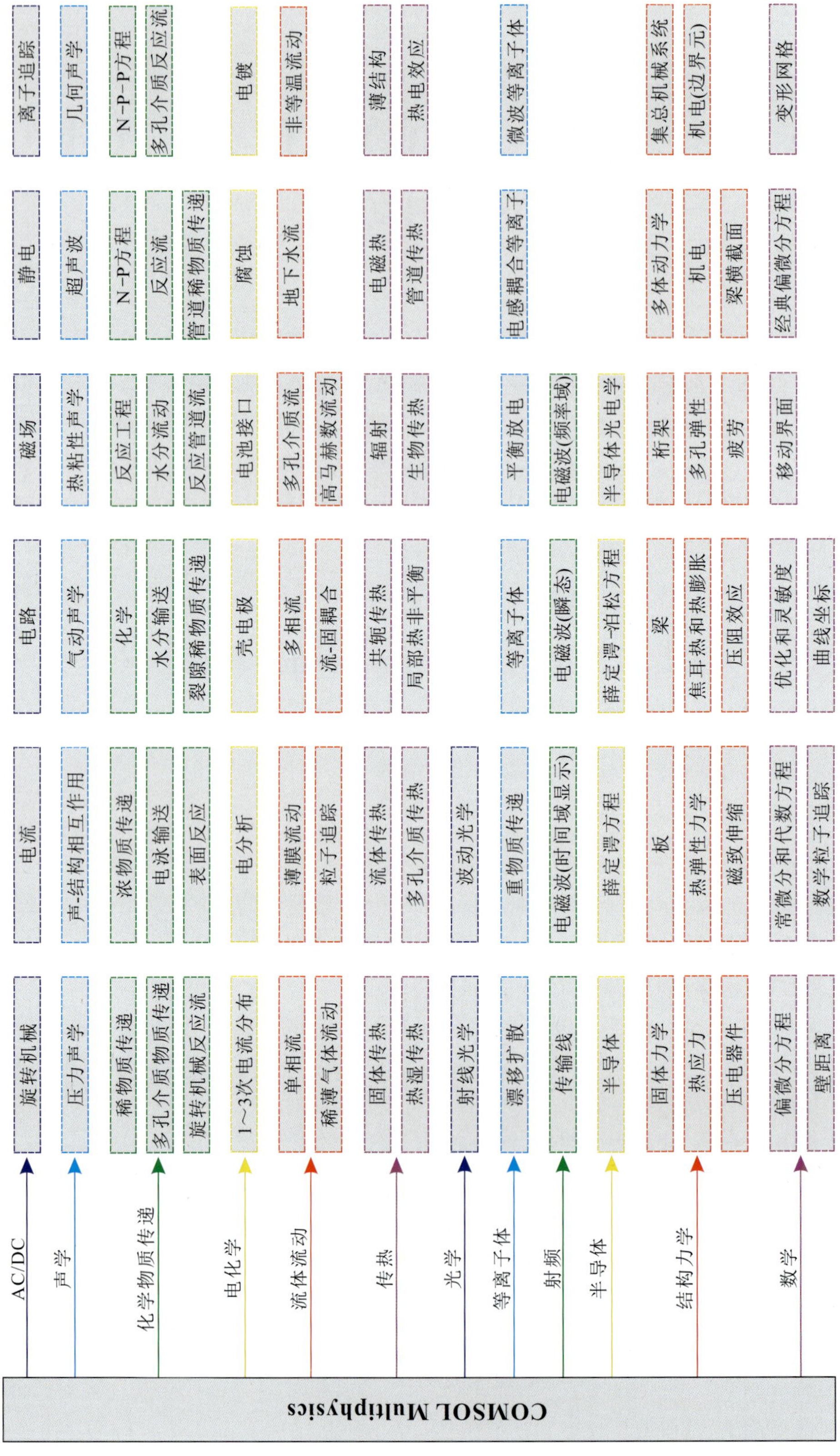

沁水盆地无烟煤储层CO_2-ECBM流体连续性过程数值模拟研究

分支	模块						
AC/DC	旋转机械	电流	电路	磁场	静电	离子追踪	
声学	压力声学	声结构相互作用	气动声学	热粘性声学	超声波	几何声学	
化学物质传递	稀物质传递	浓物质传递	化学	反应工程	N-P方程	N-P方程	
	多孔介质物质传递	电泳输送	水分输送	水分流动	反应流	多孔介质反应流	
	旋转机械反应流	表面反应	裂隙稀薄物质传递	反应管道流	管道稀薄物质传递		
电化学	1～3次电流分布	电分析	壳电极	电池接口	电镀		
流体流动	单相流	薄膜流动	多相流	多孔介质流	腐蚀	非等温流动	
	稀薄气体流动	粒子追踪	流-固耦合	高马赫数流动			
传热	固体传热	流体传热	共轭传热	辐射	电磁传热	薄结构	
	热湿传热	多孔介质传热	局部热非平衡	生物传热	管道传热	热电效应	
光学	射线光学	波动光学					
等离子体	漂移扩散	重物质传递	等离子体	平衡放电	电感耦合等离子	微波等离子体	
射频	传输线	电磁波(时间域显示)	电磁波(瞬态)	电磁波(频率域)			
半导体	半导体	薛定谔方程	薛定谔—泊松方程	半导体光电学			
结构力学	固体力学	板	梁	桁架	多体动力学	集总机械系统	
	热应力	热弹性力学	焦耳热和热膨胀	多孔弹性	机电	机电(边界元)	
	压电器件	磁致伸缩	压阻效应	疲劳	梁横截面		
数学	偏微分方程	常微分和代数方程	优化和灵敏度	移动界面	经典偏微分方程	变形网格	
	壁距离	数学粒子追踪	曲线坐标				

图 3-1 COMSOL Multiphysics 5.4 主要功能模块

COMSOL Multiphysics

22

第3章 CO₂-ECBM数值分析软件及其开发

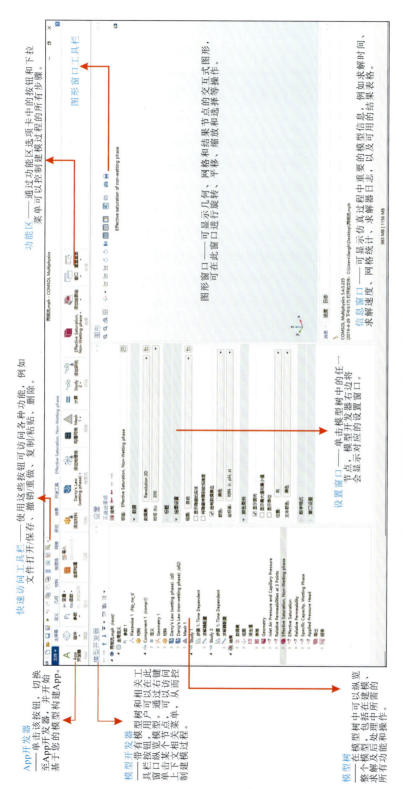

图 3-2 COMSOL Multiphysics 用户操作界面

模型求解。本次CO_2-ECBM流体连续性数值模拟研究主要涉及气体流动、扩散(传质)、煤层变形以及热传导过程,因此主要选择流体流动模块、传热模块、结构力学模块及数学模块。

(3)添加研究:基于数学模型、模拟条件及想得到的数值结果选择相应的研究类型。主要有特征值、稳态及瞬态等。

(4)绘制(或导入)几何模型:依据案例地质模型及边界加载条件绘制(或导入)数值模拟几何模型。

(5)定义参数及变量:将所推导的数学模型依次写入所选择的物理场中,并同时输入数值模拟所需的参数及变量,以便模拟时灵活调整和控制。本次CO_2-ECBM流体连续性数值模拟所需参数主要有储层力学参数(弹性模量、泊松比、密度、初始孔隙率、初始渗透率)及气体理化参数(密度、黏度、体积及压力常数等)。

(6)建立微分方程系统:在子域和边界中分别设置模型计算域的控制方程和边界条件,由于COMSOL Multiphysics软件已经内嵌了一些经典的计算方程,因此定义问题时可以在内嵌模型上进行修改。本次CO_2-ECBM流体连续性数值模拟,新推导的控制方程和耦合变量可以通过内嵌参数转换写入COMSOL Multiphysics软件的微分方程系统。

(7)绘制网格:运用COMSOL Multiphysics软件的Mesh控件进行有限元网格划分,并可对边界问题进行网格加密划分处理。网格序列类型有物理场控制网格及用户控制网格。

(8)求解:运用COMSOL Multiphysics软件的Solve控件对定义好的数值模型进行迭代计算。此步骤重点是对时间单位、时间步长及容差的设置。

(9)后处理及可视化:COMSOL Multiphysics软件的后处理模块可提供不同维度的数据读取(或导出)、图件绘制(截面图、等值面图、等值线图等)和动画演示(或导出),从而实现高性能的可视化分析,并可将分析结果形成相应的报告。

3.2　MATLAB软件

MATLAB软件将数值分析、矩阵计算、科学数据可视化以及非线性动态系统的建模和仿真等诸多强大功能集成在一个易于使用的视窗环境中,为科学研究、工程设计以及必须进行有效数值计算的众多科学领域提供了一种全面的解决方案,并在很大程度上摆脱了传统非交互式程序设计语言的编辑模式,代表了当今国际科学计算软件的先进水平。MATLAB软件和其他编程软件相比有以下优势。

1)编程简单高效

MATLAB软件能以数学形式编写代码,能够按照纸质计算的流程自上而下编写程序,更贴近人类的思维习惯,称为"演草纸式的科学计算语言"。MATLAB软件的大多数矩阵运算不需要重复转换,编程简单而且高效。此外,MATLAB软件还可以通过程序直接调用包含大量功能和文件的应用工具箱,提高了编程效率。

2）便于使用、灵活性高

MATLAB软件拥有友好的人机交互平台，具有界面人性化、方便灵活的特点。因此，编程思路清晰、便于使用逐步成为科研工作者准确可靠的计算标准。简洁高效的编程环境能够提供较完善的调试系统，程序可以不必经过编译直接运行，能够及时报告出错并且分析错误原因，具有灵活性高的优点。

3）可移植性好、可拓展性强

MATLAB软件编写的程序可读性高，不仅能够与多种编辑语言和应用程序进行交互，而且其交互式工具可以按照迭代的方式探查、设计及求解问题，最大程度上满足用户的学习需求并节约时间。MATLAB软件的各类函数和实用程序包是开放的，不仅直接促进用户之间的交流，而且可以丰富数据库，成为软件函数库的一部分。

4）地下空间的应用

MATLAB软件具有强大的图形绘制功能，能够根据建模要求把大量的数据通过三维图形表达出来，并构建地质软件中常见的等值线图、表面图、三维立体图。在细节处理方面，使用者可通过编程语法对函数参数进行设置，可以对线条、线型、颜色等进行修改，保证绘图的多样性和丰富性。

3.3 COMSOL Multiphysics 软件与 MATLAB 软件仿真系统构建

COMSOL Multiphysics软件虽然具有广阔的仿真能力及强大的后处理能力，但并不能添加相应的编辑接口，且COMSOL Multiphysics软件后处理后的数据优化能力较低。然而MATLAB软件刚好可以弥补COMSOL Multiphysics软件在数据优化方面的不足，且MATLAB软件在三维几何图形的数据处理及几何模型的网格划分等方面也具有较强的优势。

针对本次CO_2-ECBM数值模拟研究，COMSOL Multiphysics软件可构建图形化的界面(GUI)，以实现COMSOL Multiphysics软件与MATLAB软件仿真系统的构建，且基于典型的运算方法，GUI可以形成独立的软件包(图3-3)。首先，在COMSOL Multiphysics软件的GUI中调用MATLAB脚本以构建数值模拟所需的地质模型，并实现地质模型的网格划分与优化；其次，基于MATLAB脚本在COMSOL Multiphysics软件的GUI中对划分后的地质模型网格进行检测；再次，基于COMSOL Multiphysics软件内置的PDEs函数，在GUI中完成参数、变量及边界条件的设定，并顺利完成数值仿真；最后，调用MATLAB脚本函数和自己编写的脚本语言对COMSOL Multiphysics软件后处理后的数据进行三维可视化及数据优化(图3-3)。基于MATLAB脚本实现COMSOL Multiphysics软件与

MATLAB 软件数据的交互、共享。

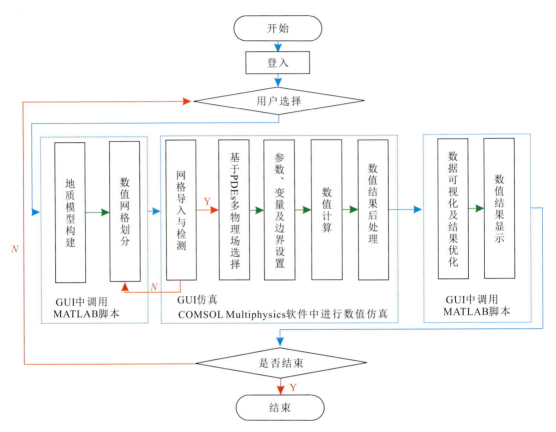

图 3-11 基于 COMSOL Multiphysics 软件和 MATLAB 软件的 CO_2-ECBM 仿真系统构建流程图

综上所述,基于 COMSOL Multiphysics 软件与 MATLAB 软件仿真系统的构建,可实现实验室尺度及工程尺度上 CO_2-ECBM 流体连续性过程的数值模拟研究。COMSOL Multiphysics 软件可对所推导的多物理场全耦合数学方程组进行分析求解;MATLAB 软件可对数值模拟的地质模型进行网格优化,并对 COMSOL Multiphysics 软件处理后的仿真结果进行可视化优化。

第 4 章　无烟煤多尺度孔裂隙结构数字化重构表征

煤储层孔裂隙不仅是煤层气赋存的主要空间,也是其运移及产出过程的重要通道[84-87]。吸附孔(孔径＜100nm)因其表面积较大可为煤层气储存提供充足的赋存空间;渗流孔(孔径＞100nm)因其体积较大可为煤层气运移提供重要的渗流通道[88-89]。因此,开展煤储层孔裂隙的多尺度数字化重构表征研究,有利于更好地理解煤层气的赋存和渗流机理。

近年来,X-ray CT 扫描技术及 FIB-SEM 三维切割扫描技术在多孔介质的孔裂隙形态表征及连通性评价方面逐渐显示出其优势。X-ray CT 扫描技术是一种非破坏性的三维成像技术[90-91],正逐渐被引入地质领域且得到了广泛应用[92-94];FIB-SEM 扫描技术是一种可对纳米孔隙的孔隙形态及其连通性进行定量化表征的方法[63-64,66]。然而,鲜有学者将 X-ray CT 扫描技术与 FIB-SEM 扫描技术相结合进行煤储层多尺度孔裂隙结构的数字化重构研究(图 4-1)。

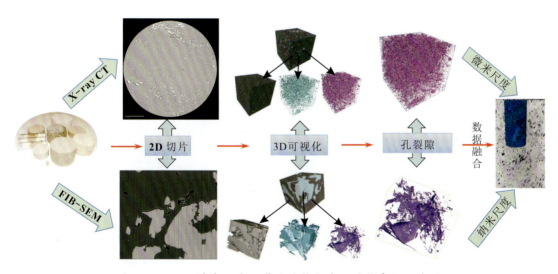

图 4-1　无烟煤多尺度孔裂隙结构数字化重构表征示意图

本章研究思路:首先,对煤储层孔裂隙几何结构与拓扑结构等特征参数进行了定义;其次,基于微米及纳米尺度,对无烟煤孔裂隙结构进行了多尺度表征分析;再次,对孔裂隙结构进行了多尺度粗化表征;最后,探讨了煤层气储存、渗流能力与孔裂隙结构的关系。无烟煤多尺度孔裂隙结构数字化重构研究,主要为实验室尺度 CO_2-ECBM 流体连续性过程的后续研究提供地质载体,并可进一步分析工程尺度 CO_2-ECBM 流体连续性过程。

4.1 孔裂隙结构参数定义

孔裂隙结构有几何结构与拓扑结构之分[53]。几何结构主要指孔隙与喉道的几何尺寸与形状分布,核心参数有孔喉半径、喉道长度、孔隙体积、形状因子及迂曲度等[95-96];拓扑结构主要指孔隙与喉道之间的关联特征,核心参数有配位数及连通性函数等[97-98]。各核心参数分别定义如下。

1) 孔隙半径(R)及体积(V)

基于提取孔裂隙网络模型的最大球算法,可将孔隙定义为孔裂隙网络模型中所提取的等效最大内切球(图 4-2)。利用等效球体的等径膨胀法可求得内切球的半径,即为孔隙半径(图 4-2)。在所求孔隙半径的基础上即可求出孔隙体积。

2) 喉道长度(L)

喉道是指连接孔隙间的通道[95]。在所提取的孔裂隙网络模型中剔除已被识别的孔隙,剩下的即为喉道(图 4-3)。因此,喉道多呈孤立分布。喉道长度可通过式(4-1)进行计算:

$$L = D_P - R_1 - R_2 \tag{4-1}$$

其中,R_1、R_2 分别为喉道所连接的 2 个孔隙的半径,单位为 m;D_P 为 2 个孔隙的中心距离,单位为 m。

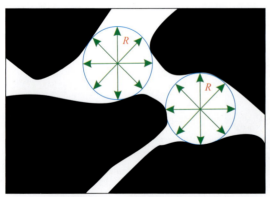

图 4-2 孔隙半径示意图

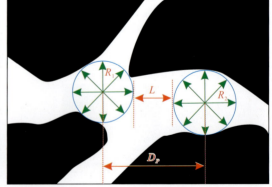

图 4-3 喉道长度示意图

3) 形状因子(G)

形状因子是指能定量化表征孔裂隙网络模型中孔隙与喉道形状的参数[38,77,96]。由于不同方向上孔隙与喉道的截面形状不固定,截面面积和周长不断变化。因此,孔隙-喉道形状

因子为一系列截面形状因子的平均值(图4-4),可用式(4-2)进行计算:
$$G = A/P_{p-t}^2 \tag{4-2}$$
其中,A为孔隙-喉道的横截面面积,单位为m^2;P_{p-t}为孔隙-喉道的横截面周长,单位为 m。

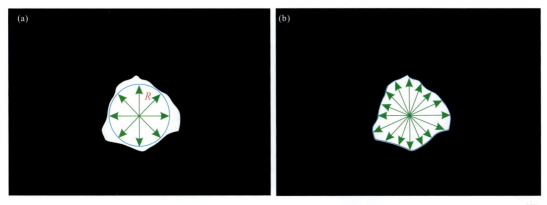

图 4-4 孔隙-喉道形状因子计算示意图
(a)处理后的孔隙半径;(b)处理后的横截面

4)迂曲度(τ)

迂曲度主要描述喉道弯曲的程度,是指连通孔隙与喉道的实际长度与最短距离之比[99-100]。迂曲度对渗透率、毛细管阻力等有重要的控制作用,可用式(4-3)进行计算:
$$\tau = l_a/l_s \tag{4-3}$$
其中,l_a为连通孔隙与喉道的实际长度,单位为 m;l_s为连通孔隙与喉道的最短距离,单位为 m。

5)孔隙纵横比

孔隙纵横比是指二维截面上,孔隙的短轴与长轴之比。依据孔隙纵横比,孔隙形态有球状(0.75～1)、片状(0.15～0.75)及多边形(<0.15)之分[101-102]。

6)配位数(Z)

配位数是指与每个孔隙所连接的吼道数量。配位数的大小对孔隙中流体的渗流和产出起重要控制作用,其值越大,孔隙连通程度越好[95,97]。当配位数为 1 时,孔隙不具有连通性,称为死端孔隙[95,97]。

7)连通性函数[$\chi_V(r)$]

连通性函数,即欧拉示性数。连通性函数值与 X 轴的交点越接近于 0,则煤储层内孔隙的连通性越差[38,77,98]。连通性函数值可用式(4-4)进行计算:
$$\chi_V(r) = \frac{N_N(r) - N_C(r)}{V} \tag{4-4}$$
其中,$N_N(r)$表征孔隙半径大于 r 的孤立孔隙的数量;$N_C(r)$表征孔隙半径大于 r 的连通孔隙的数量;V为所分析的孔隙网络模型的体积。

4.2 孔裂隙结构表征分析

4.2.1 微米尺度孔裂隙结构表征

基于 X-ray CT 扫描技术,可对煤储层进行微米尺度扫描。典型的二维 X-ray CT 扫描切片如图 4-5 所示。其中,圆周内的灰色、黑色及白色(亮高色)可分别表征煤有机质、孔隙及高密度矿物(方解石、黄铁矿等)的分布。

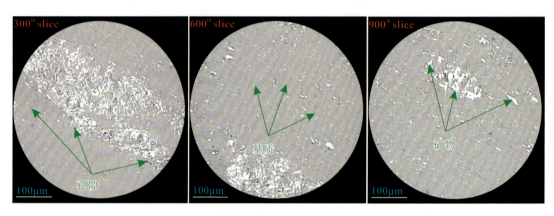

图 4-5 伯方矿煤样品典型的二维 X-ray CT 扫描切片

1) 孔裂隙三维可视化重构

(1) 二维 X-ray CT 扫描切片预处理。如图 4-6(a) 所示,原始切片出现了众多噪音点,采用中值滤波对二维切片进行处理后,结果如图 4-6(b) 所示。

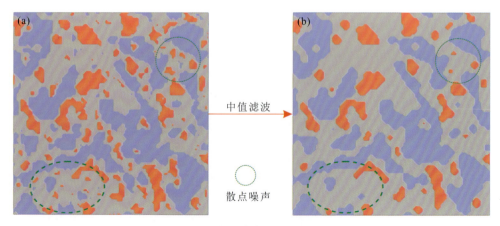

图 4-6 二维切片中值滤波处理对比
(a) 滤波前;(b) 滤波后

经过滤波处理后,骨架与孔隙间的过渡变得平滑、自然,且不合实际的孤立点在图像中已经不存在了。在实际的滤波处理过程中,常常将滤波处理后的切片与原始二维切片进行孔隙比对,以检测是否有部分孔隙会被删除。

(2)阈值选取及图像分割。现以伯方矿煤样品为例,着重介绍当灰度值直方图呈单峰模式时的阈值选取方法(图4-7)。

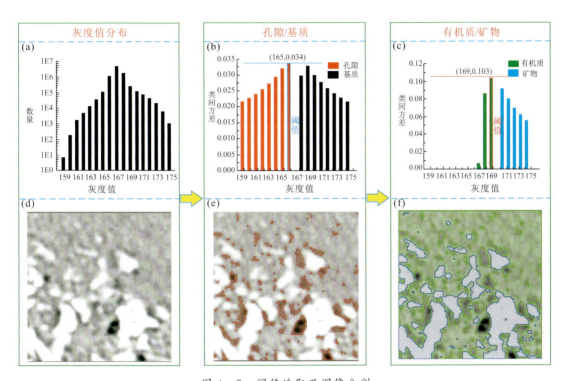

图4-7 阈值选取及图像分割
(a)灰度值分布;(b)孔隙与基质阈值分割;(c)有机质与矿物阈值分割;
(d)阈值分割前;(e)孔隙与基质分割效果图;(f)有机质与矿物分割效果图

首先,依据图像的灰度值分布可计算出灰度值的频率分布直方图。灰度值范围(H)介于159~175之间;其次,在灰度值范围(H)内选择某一阈值(TV),将灰度值分为两部分:$H_{0\to TV}$、$H_{TV+1\to 255}$,计算两部分的方差 $a(TV)=\mathrm{Var}(H_{159\to TV})$、$b(TV)=\mathrm{Var}(H_{T+1\to 175})$,及两部分方差的差值 $D(TV)=|a(TV)-b(TV)|$,其中,$TV\in H$;再次,定义阈值 $TV=\mathrm{find}[\max(D)]$,表示寻找 TV 值使 D 达到最大值;最后,阈值选取后,常常将阈值处理后的切片与原始二维切片进行孔隙比对,以检测是否有部分孔隙会被删除,并进行图像分割阈值的部分微调。

基于此方法,可实现伯方矿煤样品孔隙、有机质及无机矿物的分别提取及三维重构(图4-8)。

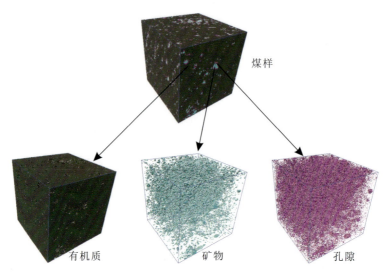

图4-8 伯方矿煤样品三维可视化重构

(3)代表性体积单元分析。分析孔隙度与代表性体积单元的变化关系可知(图4-9):REV大于500×500×500体素时,孔隙度随REV尺寸变化较为稳定[图4-9(c)],因此,可选择500×500×500体素表征REV的大小。

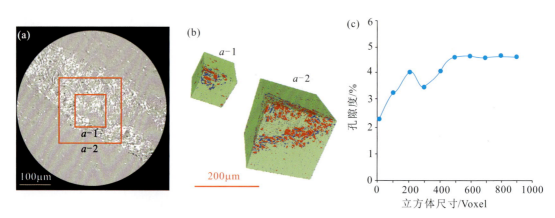

图4-9 代表性体积单元分析示意图
(a)原始二维X-ray CT切片;(b)REV尺寸;(c)孔隙度与样品分析尺寸大小关系

(4)等价孔裂隙网络模型提取。图4-10为伯方矿煤样品的等价孔裂隙网络模型,其中,球体与圆柱体分别表示样品的孔隙与喉道。

2)孔裂隙结构分析

对于伯方矿煤样品,大孔的孔隙数量随着孔径的增大而逐渐变小[图4-11(a)];当孔隙半径大于7μm时,孔隙数量在每个孔径范围内少于10个,且变化波动比较大[图4-11(a)]。

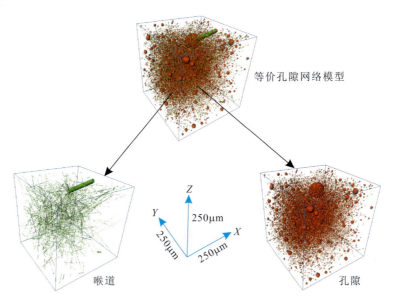

图 4-10 伯方矿煤样品等价孔裂隙网络模型内孔隙与喉道提取

孔隙体积随着孔隙半径呈先增后减再增的趋势[图 4-11(b)]。喉道数量亦随着喉道半径的增大而减少[图 4-11(c)]。喉道长度越大,则喉道数量越少[图 4-11(d)]。

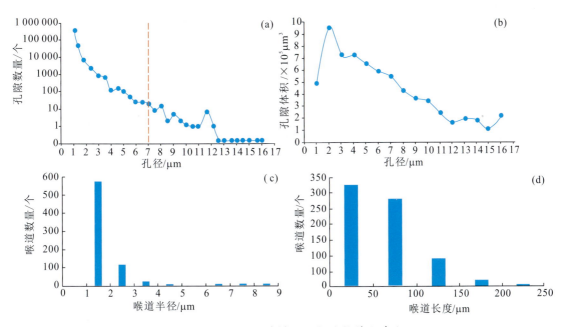

图 4-11 伯方矿煤样品几何结构特征参数

(a)孔隙数量-孔径分布;(b)孔隙体积-孔径分布;(c)喉道数量-喉道半径分布;(d)喉道数量-喉道长度分布

孔喉迂曲度数值以 1～2 为主，其数值分布表明孔喉具有较小的弯曲程度与毛细管阻力[图 4-12(a)]，气体产出只需较短的运移路径，对气体的运移和产出十分有利。伯方矿煤样球状、片状及多边形形态孔隙分别占总孔隙数量的 94.6%、1.2%、4.2%[图 4-12(b)]，且研究表明球状孔隙的发育有利于煤层气的运移与产出。

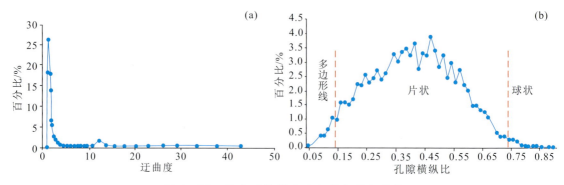

图 4-12　伯方矿煤样品几何结构特征参数
(a)孔喉迂曲度；(b)孔隙纵横比

基于孔隙网络模型，可方便研究孔隙与喉道的拓扑特征参数(表 4-1)。拓扑特征参数集中于对孔隙配位数及连通性函数的分析。

伯方矿煤样品孔隙的配位数以 3 为主，2、4 次之[图 4-13(a)]。因此，每个孔隙主要与其他 3 个孔隙相连通，孔隙内具有较好的连通路径或气体运移路径。伯方矿煤样品孔隙的连通性函数值与 X 轴的交点集中于 3～4 μm[图 4-13(b)]。因此，对孔隙连通性起主要作用的是孔径介于 3～4 μm 的孔隙。

4.2.2　纳米尺度孔裂隙结构表征

基于 FIB-SEM 扫描技术所获得煤样的典型二维切片如图 4-14 所示。与 X-ray CT 扫描切片类似的是：切片内深黑色代表孔隙，灰色代表有机质，高亮白色代表无机矿物。

表 4-1　伯方矿煤样孔喉特征参数

属性		特征参数
体素		1 μm
尺寸		500×500×500
孔隙数量/个		381 233
喉道数量/个		76 035
孔隙等效半径/μm	最大	18.13
	最小	0.62
	均值	2.40
配位数	最大	48
	最小	0
	均值	2.68
喉道等效半径/μm	最大	6.70
	最小	0.51
	均值	0.83
喉道长度/μm	最大	480.8
	最小	8.86
	均值	160.7

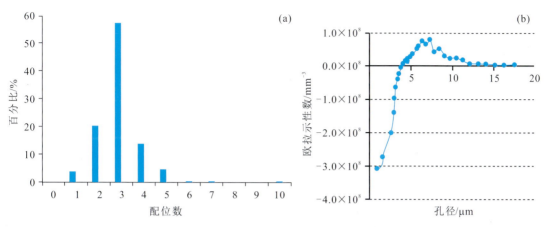

图 4-13 伯方矿煤样品拓扑结构特征参数
(a)配位数;(b)连通性函数

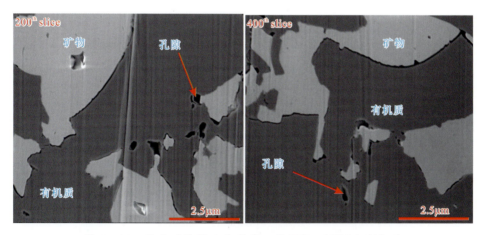

图 4-14 伯方矿煤样品典型的二维 FIB-SEM 扫描切片

1)孔裂隙二维形貌及发育特征

煤储层有机质、无机矿物及其接触区域均发育有孔隙及微裂隙,且不同的二维切片内,孔隙形态及其连通性均存在很大差异(图 4-15),表明在纳米尺度上,伯方矿煤样品微观孔裂隙结构具有较大的各向异性。孔裂隙形态的差异会影响孔喉体积、表面积及相对位置的差异,继而影响煤层气的吸附与解吸。孔裂隙连通性差异表明煤层气的运移路径与空间存在差异,会进一步影响煤层气的产能。孔裂隙形态及连通性的差异性分析与前人的研究具有较好的一致性[87,103-105]。

煤储层内主要发育有有机质孔隙、无机矿物孔隙及差异收缩孔隙,伯方矿煤样品孔隙可测量孔径介于 70.07~686.61nm 之间(图 4-16)。有机质孔隙是所有孔隙类型中发育程度最高的,主要呈圆形及矩形[图 4-16(a)]。有机质孔隙主要分布于有机质内,与有机质的热

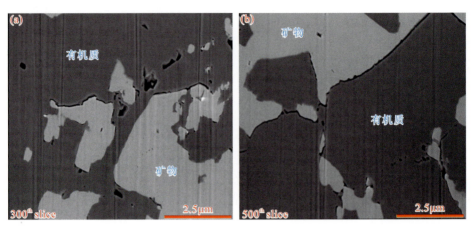

图 4-15 基于 FIB-SEM 切片扫描技术所显示的伯方矿煤样品微观结构各向异性

成熟度有关[图 4-16(a)][66]。溶蚀孔隙是主要的矿物质孔隙,主要发育于可溶性矿物中,其发育与煤储层的压实效应有关[图 4-16(b)][71]。差异收缩孔隙主要发育于煤基质与矿物的接触区域[图 4-16(b)],其发育程度主要受控于矿物颗粒的发育形态[47]。差异收缩孔隙具有良好的孔隙连通性,是煤储层内最重要的连通孔隙。

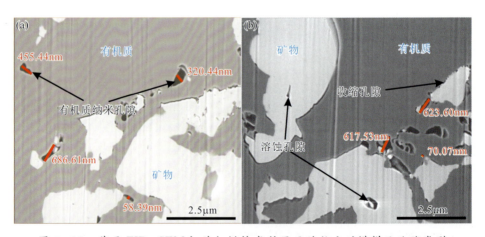

图 4-16 基于 FIB-SEM 切片扫描技术所显示的伯方矿煤样品孔隙类型
(a)有机质纳米孔隙;(b)溶蚀孔隙、差异收缩孔隙

各类孔隙内均或多或少充填有矿物质(图 4-17),如方解石、白云石、绿泥石、高岭石和氢氧化铝矿物等(图 4-17)[47,82]。

煤储层内也发育有不同大小和形态的微裂隙,主要呈曲线状,且可测量宽度介于 39.65~242.75nm 之间。微裂隙常连通微观孔隙与宏观裂隙,在煤层气的运移中扮演着重要角色[71]。煤储层有机质与无机矿物间的理化性质不同,在相同的地质条件下,矿物的发育

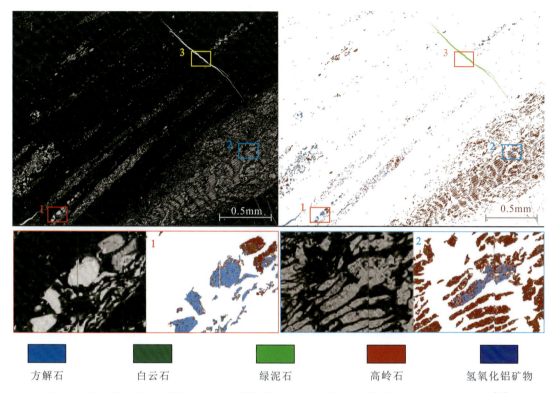

图 4-17 利用 FE-SEM 切片扫描技术所显示的伯方矿煤样品各种矿物的发育[82]

大小和形态较有机质不易发生变化[47,71,82]。因此,微裂隙常发育于有机质与无机矿物的接触区域。该区域内,煤储层的脆性指数较高,易形成微裂隙体系[71]。微裂隙的发育程度是煤储层评价的重要指标,微裂隙越发育,越有利于煤储层的运移(图 4-18)。

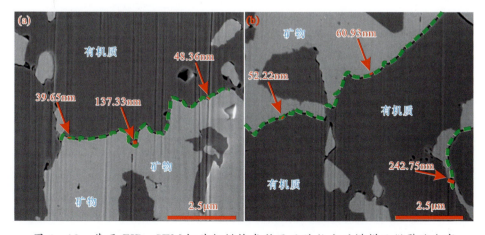

图 4-18 基于 FIB-SEM 切片扫描技术所显示的伯方矿煤样品微裂隙发育

2) 孔裂隙三维可视化重构

基于第 2.2 章节关于微米尺度上孔裂隙的重构方法,可以实现纳米尺度上煤储层孔裂隙的三维重构及可视化[66]。该过程主要包含储层重构和孔裂隙识别及提取等过程。伯方矿煤样品的重构体积为 $4.9×4.9×4.5\mu m^3$,且煤储层可重构为灰色与红色两部分。其中,灰色部分表征煤储层的有机质与无机矿物,红色部分表征煤储层的孔隙及裂隙空间(图 4-19)。

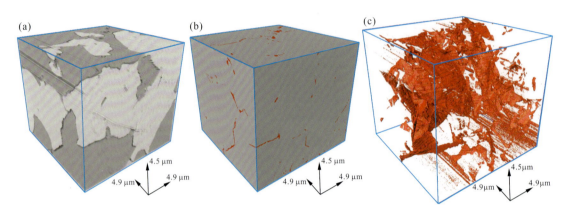

图 4-19 孔裂隙网络的三维可视化重构
(a)重构;(b)识别;(c)提取

孔裂隙的标识情况及孔裂隙网络模型的提取情况如图 4-20 所示。

由孔裂隙标识图可知伯方矿煤样品的孔裂隙主要呈单一颜色[图 4-20(a)]。被标记的颜色越少,则孔裂隙的连通性越好[39]。因此,伯方矿煤样品的孔裂隙发育具有较好的连通性。所提取的孔裂隙网络模型也表明伯方矿煤样品的大部分孔裂隙在 6 个方向上均相互连通[图 4-20(b)]。

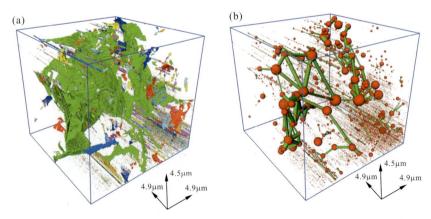

图 4-20 伯方矿煤样品孔隙标识
(a)孔隙网络模型;(b)三维可视化

3) 孔裂隙几何特征分析

基于所提取的孔裂隙网络模型,可分别对孔隙与喉道的几何特征参数进行分析。伯方矿煤样品的孔隙数量、平均半径、面积、体积及孔隙度分别为 21 951 个、9.727 nm、161.557 μm²、2.164 μm³ 及 2.004%(表 4-2)。伯方矿煤样品各孔径范围内的连通孔隙及非连通孔隙的具体信息(孔隙数量、孔隙体积、孔隙面积、孔隙体积及面积占比)见表 4-3。

伯方矿煤样品也发育有很大比例的喉道[图 4-20(b)],喉道的数量、平均半径及面积分别为 678 个、18.278 9 nm 及 1.877 μm²,喉道长度介于 14.085 4~2 058.86 μm 之间(表 4-2)。喉道空间不仅为煤层气运移提供了有效途径,而且为煤层气赋存提供了较大空间。

对于孔径介于 0~50 nm 之间的孔隙,孔隙数量占总孔隙数量的 99.02%,且连通孔隙与非连通孔隙的孔隙数量、体积、面积、孔隙度分别为 625 个、0.042 4 μm³、6.907 5 μm²、0.039 3% 及 21 111 个、0.098 9 μm³、21.381 μm²、0.091 5%(表 4-3)。孔径介于 0~50 nm 之间的孔隙,其连通孔隙体积和面积分别占各孔径范围内孔隙体积与面积的 30.01% 和 24.42%(表 4-3)。因此,孔径介于 0~50 nm 之间的孤立孔隙可为煤层气的吸附提供足够的空间。

对于孔径介于 50~100 nm 之间的孔隙,连通孔隙与非连通孔隙的孔隙数量、体积、面积、孔隙度分别为 92 个、0.136 2 μm³、15.656 2 μm²、0.126 0% 及 34 个、0.049 8 μm³、4.814 4 μm²、0.046 1%(表 4-3)。孔径介于 50~100 nm 之间的连通孔隙的孔隙体积和面积分别占该孔径范围内孔隙总体积与面积的 73.23% 和 76.48%(表 4-3)。因此,孔径介于 50~100 nm 之间的连通孔隙利于煤层气的解吸与扩散。

对于孔径介于 100~200 nm 之间的孔隙,连通孔隙的孔隙数量、体积与面积分别为 61 个、0.724 3 μm³、47.784 5 μm²(表 4-3)。对于孔径大于 200 nm 的孔隙,所有孔隙皆为连通孔隙,且孔隙的数量、体积与面积分别为 17 个、1.01 μm³、58.933 7 μm²(表 4-3)。孔径范围内,连通孔隙的孔隙体积与面积随着孔径的增大而增大(表 4-3,图 4-21)。连通孔喉的分布均控制着煤储层的渗透性,同时也影响着煤层气的采收率。

对于孔径小于 100 nm 的吸附孔和孔径大于 100 nm 的渗流孔而言,孔隙大小、体积及面积分布见图 4-22。对于吸附孔隙而言,大部分孔隙孔径小于 30 nm,且累积孔隙体积和面积与孔隙大小呈对数函数关系[图 4-22(a)]。因此,孔径小于 30 nm 的孔隙可为煤层气提供足够的空间,尤其是吸附空间。对于渗流孔隙而言,孔隙体积与面积随着孔径增大而提高,且孔隙面积与孔隙大小呈较强的指数关系[图 4-22(b)]。累计孔隙体积与面积及孔径大小皆成指数关系[图 4-22(b)]。因此,较大孔径的孔隙可为煤层气的运移提供较大的运移空间。

表 4-2 伯方矿煤样品孔隙与喉道关键参数

孔隙-喉道	数量/个	孔径最小值/nm	孔径最大值/nm	孔径平均值/nm	体积/μm^3	面积/μm^2	孔隙度/%	喉道长度/nm
孔隙	21 951	7.006 2	318.045	9.727	2.164	161.557	2.004	—
喉道	678	2.371	157.993	18.279	—	1.877	—	14.085 4~2 058.86

表 4-3 样品连通孔隙与非连通孔隙关键参数

孔径/nm	连通孔隙 数量/个	体积/μm^3	面积/μm^2	孔隙度/%	总孔隙度/%	非连通孔隙 数量/个	体积/μm^3	面积/μm^2	孔隙度/%	总孔隙 数量/个	体积/μm^3	面积/μm^2	孔隙度/%	连通孔隙占比 体积/%	面积/%
0~50	625	0.042 4	6.907	0.039 3	1.768 5	21 111	0.098 9	21.381	0.091 5	21 736	0.141 3	28.289	0.130 8	30.01	24.42
50~100	92	0.136 2	15.656	0.126 0		34	0.049 8	4.814 4	0.046 1	126	0.186	20.471	0.172 1	73.23	76.48
100~150	43	0.341 9	22.163	0.316 9		9	0.061 6	3.917 9	0.057 0	52	0.403 5	26.081	0.373 9	84.73	84.98
150~200	18	0.382 4	25.622	0.354 4		2	0.043 5	2.161 8	0.040 2	20	0.425 9	27.784	0.394 6	89.79	92.22
200~250	12	0.504 4	26.379	0.466 8		0	0	0	0	12	0.504 4	26.379	0.466 8	100	100
250~300	4	0.373 6	29.471	0.345 8		0	0	0	0	4	0.373 6	29.471	0.345 8	100	100
300~350	1	0.128 9	3.083 9	0.119 3		0	0	0	0	1	0.128 9	3.083 9	0.119 3	100	100

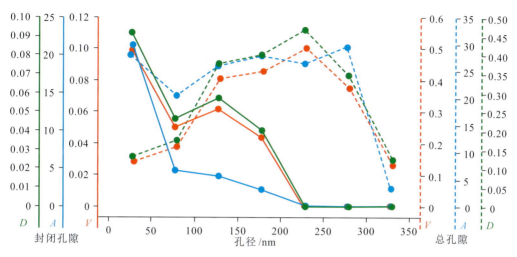

图 4-21　总孔隙与非连通孔隙孔径、面积、体积及孔隙度分布图

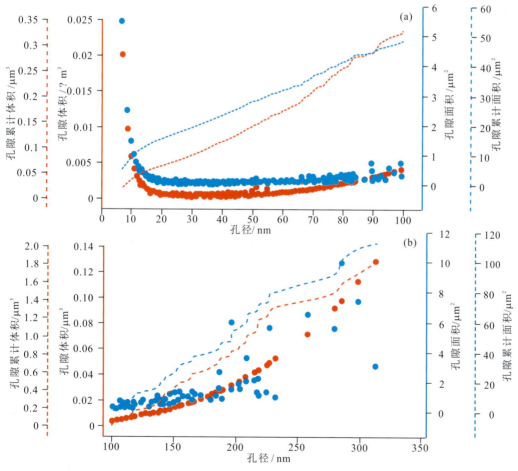

图 4-22　不同孔隙的孔径、面积及体积分布图
(a)吸附孔隙；(b)渗流孔隙

4.2.3 孔裂隙结构多尺度粗化表征

本书研究表明纳米—微米—厘米尺度孔裂隙结构尺度粗化表征结果见图4-23,详细论述如下。

(1)高分辨率级别孔裂隙结构提取。基于第2.2章节对煤岩孔裂隙结构的三维重构及可视化研究方法,可实现纳米尺度(高分辨率级别)上孔裂隙结构的识别、提取与重构[图4-23(a)]。

(2)纳米—微米尺度孔裂隙结构尺度粗化。首先,基于所提取的纳米尺度上的孔裂隙结构,可在微米尺度上的三维扫描图像的同一位置上以孔裂隙为基础进行图像的配准工作;其次,基于纳米—微米尺度上同一位置的孔裂隙结构的精确配准,可在微米尺度上获得提取微米尺度孔裂隙结构的阈值范围。最后,将此阈值范围应用到整个微米尺度X-ray CT扫描图像中,即可完成纳米—微米尺度孔裂隙结构的尺度粗化[4-23(b)]。

(3)微米—厘米尺度孔裂隙结构尺度粗化。首先,基于所提取的微米尺度上的孔裂隙结构,可在厘米尺度上的三维扫描图像的同一位置上以孔裂隙为基础进行图像的配准工作;其次,基于微米—厘米尺度上同一位置的孔裂隙结构的精确配准,可在厘米尺度上获得提取厘米尺度孔裂隙结构的阈值范围。最后,将此阈值范围应用到整个厘米尺度X-ray CT扫描图像中,即可完成微米—厘米尺度孔裂隙结构的尺度粗化[4-23(c)]。

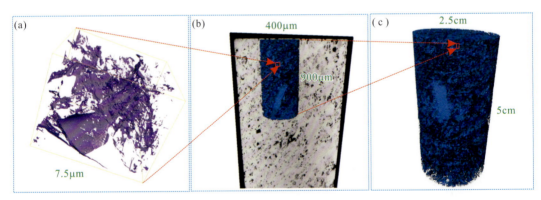

图4-23 多尺度孔裂隙结构尺度粗化结果
(a)纳米尺度孔裂隙结构;(b)纳米—微米尺度孔裂隙结构尺度粗化后结果;
(c)纳米—微米—厘米尺度孔裂隙结构尺度粗化后结果

4.3 煤层气储渗能力与孔裂隙结构的关系

4.3.1 煤层气储存能力与孔隙结构的关系分析

众所周知,煤层气主要呈自由态与吸附态存在。自由态煤层气主要赋存于孔径较大的微孔与微裂隙中;吸附态煤层气主要赋存于孔径较小的纳米孔隙内[106]。前人的研究表明吸附态煤层气主要吸附于孔径小于50nm的煤孔隙表面。因此,需对伯方矿煤样品内孔径小于50nm的连通孔隙的孔隙面积及体积占比进行系统的统计与分析(表4-4)。

对于孔径小于50nm的孔隙,在各种孔径范围内,伯方矿煤样品均具有较大的孔隙体积与面积,尤其是孔径小于30nm的孔隙(表4-4)。同时,伯方矿煤样品大部分孔隙为孤立孔隙,尤其是孔径介于10~30nm的孔隙(表4-4)。当孔径介于35~47nm时,伯方矿煤样品连通孔隙的平均孔隙体积与面积占比分别为54.43%与54.81%,此部分孔径范围内的孔隙对于煤储层的存储与解吸至关重要。

4.3.2 煤层气渗流能力与孔隙结构的关系分析

连通孔隙-喉道的几何结构与拓扑结构直接关系着煤储层渗透率的高低,并进一步影响着煤层气的渗流能力[107]。

伯方矿煤样品连通孔隙的孔径、体积及面积分布见图4-24。当孔径介于0~50nm时,孔隙数量为625个,连通孔隙的数量随着孔径增大而减少。在FIB-SEM扫描分辨率的范围内,连通孔隙的面积及体积呈双峰分布,峰值位于孔径的200~300nm范围内。对于孔径介于50~200nm范围内的连通孔隙,连通孔隙数量占该孔径范围内孔隙总数量的77.27%。对于孔径大于200nm的孔隙,所有孔隙皆为连通孔隙。

伯方矿煤样品喉道的几何与拓扑结构参数见图4-25与表4-5,喉道大小介于2.3707~157.993nm之间。喉道数量随着喉道大小的增大而减少。喉道面积主要由孔径大小大于20nm的喉道所决定,且喉道长度呈随机分布状态(图4-25)。伯方矿煤样品的孔隙与喉道呈全局连通状态[图4-20(b)],表明伯方矿煤样品的流体运移能力较强。

综上所述,基于对煤储层孔裂隙几何结构与拓扑结构等特征参数的定义,对无烟煤孔裂隙结构的多尺度表征分析,对孔裂隙结构的多尺度粗化表征分析,对煤层气储存、渗流能力与孔裂隙结构关系的探讨,无烟煤多尺度孔裂隙结构数字化重构研究,可为实验室尺度CO_2-ECBM流体连续性过程的后续研究提供地质载体,并可进一步分析工程尺度CO_2-ECBM流体连续性过程。

表4-4 伯方矿煤样品内孔径小于50 nm的孔隙的关键参数

孔径/nm	数量/个	孔隙面积占比/%	孔隙体积占比/%	孔径/nm	数量/个	孔隙面积占比/%	孔隙体积占比/%	孔径/nm	数量/个	孔隙面积占比/%	孔隙体积占比/%
7.006	13 970	0.20	0.20	26.964	5	40.00	31.77	34.843 4	4	25.0	16.57	41.578 3	1	0.00	0.00
8.827	3373	2.37	2.38	27.120	8	12.50	12.83	34.937 5	1	100	100.00	41.907 3	1	100	100.00
10.105	1352	3.55	3.52	27.275	5	40.00	38.78	35.031 2	1	0.00	0.00	41.972 5	1	0.00	0.00
11.122	723	5.53	5.43	27.429	3	33.33	29.07	35.124 4	2	0.00	0.00	42.102 2	1	0.00	0.00
11.981	429	7.93	7.59	27.58	5	60.00	58.31	35.217				42.166 8	3	66.7	71.16
12.731	290	10.0	9.49	27.730	6	33.33	35.55	35.309 2		100	100.00	42.231 2	1	100	100.00
13.403	190	10.0	9.43	27.878	2	0.00	0.00	35.400 9				42.423 1	2	100	100.00
14.013	172	12.8	12.28	28.025	4	25.00	27.17	35.492 2				42.486 7	1	100	100.00
14.574	117	7.69	7.22	28.170	2	0.00	0.00	35.583	3	0.00	49.25	42.676 4	1	0.00	0.00
15.095	90	12.2	11.31	28.314	3	33.33	38.46	35.673 3	2	50.0		42.739 3	1	100	100.00
15.582	84	10.7	9.92	28.456	1	100.00	100.00	35.763 1	1	100	100.00	42.988 8	1	100	100.00
16.040	68	10.3	10.10	28.597	2	0.00	0.00	35.852 5	1	100	100.00	43.296 8	1	0.00	0.00
16.474	40	10.0	9.58	28.737	4	0.00	0.00	35.941 5	1	100	100.00	43.357 9	1	0.00	0.00
16.886	42	16.6	16.15	28.875	5	80.00	81.46	36.03				43.479 5	1	0.00	100.00
17.279	41	12.2	12.31	29.012	3	33.33	29.99	36.118 1	1	0.00	0.00	43.54	1	0.00	0.00
17.655	40	17.5	16.58	29.147	4	50.00	45.76	36.379 9	1	100	100.00	43.720 7	2	50.0	63.67
18.015	30	10.0	9.65	29.415	5	80.00	73.91	36.466 3	2	0.00	0.00	44.136 5	1	0.00	0.00
18.362	30	26.7	25.19	29.547	4	0.00	0.00	36.637 9		50.0	54.38	44.253 9	2	100	100.00
18.696	20	30.0	26.12	29.677	3	66.67	61.14	36.723 1	1	100	100.00	44.370 7	1	0.00	0.00

续表 4-4

孔径/nm	数量/个	孔隙面积占比/%	孔隙体积占比/%	孔径/nm	数量/个	孔隙面积占比/%	孔隙体积占比/%	孔径/nm	数量/个	孔隙面积占比/%	孔隙体积占比/%	孔径/nm	数量/个	孔隙面积占比/%	孔隙体积占比/%
19.018	18	11.11	10.18	29.807	1	100.00	100.00	36.807 9	1	0.00	0.00	44.717 4	1	100	100.00
19.330	25	20.0	17.93	29.935	2	0.00	0.00	36.892 3	2	100	100.00	44.774 6	2	100	100.00
19.632	16	43.8	42.39	30.063	3	33.33	26.53	36.976 4	1	100	100.00	44.888 7	2	50	67.29
19.925	10	50.0	49.47	30.189	3	66.67	77.84	37.06	3	66.7	57.83	45.002 2	1	100	100.00
20.210	14	28.5	27.04	30.314	5	40.00	40.88	37.226 2	2	50	60.38	45.283 5	1	0.00	0.00
20.486	10	10.0	9.07	30.439	4	25.00	25.93	37.390 9	1	0.00	0.00	45.339 3	1	100	100.00
20.756	9	22.2	19.71	30.562	1	100.00	100.00	37.472 7	2	50	47.59	45.561 3	1	0.00	0.00
21.019	17	29.4	26.57	30.684	2	100.00	100.00	37.554 2	1	100	100.00	45.671 5	1	0.00	0.00
21.275	11	45.5	46.71	30.926	2	0.00	0.00	37.635 3	2	100	100.00	45.835 8	1	100	100.00
21.525	13	46.2	42.66	31.045	1	0.00	0.00	37.796 5	1	100	100.00	45.890 3	1	0.00	0.00
21.77	12	58.3	57.01	31.164	2	50.00	59.55	37.956 3	1	0.00	0.00	45.944 6	1	100	100.00
22.100	10	0.00	0.00	31.281	4	75.00	74.05	38.035 7	1	100	100.00	46.053	1	0.00	0.00
22.243	10	30.0	25.67	31.398	3	66.67	57.75	38.193 5	2	0.00	0.00	46.160 8	1	100	100.00
22.473	6	16.7	16.15	31.514	2	50.00	39.67	38.350 1	1	100	100.00	46.214 6	2	100	100.00
22.698	10	60.0	59.87	31.629	2	0.00	0.00	38.427 9	2	50.0	49.65	46.587 3	1	100	100.00
22.918	9	22.2	19.76	31.743	1	0.00	0.00	38.505 3	2	50.0	45.90	46.64	1	100	100.00
23.134	7	14.2	15.99	31.856	4	50.00	49.54	38.582 5	1	100.	100.00	46.745 2	1	100	100.00
23.346	10	40.0	40.68	32.081	3	66.67	74.94	38.659 4	1	100	100.00	47.057 9	1	100	100.00
23.555	5	40.0	39.27	32.192	1	0.00	0.00	38.963 8	1	100	100.00	47.315 3	1	100	100.00

续表 4-4

孔径/nm	数量/个	孔隙面积占比/%	孔隙体积占比/%	孔径/nm	数量/个	孔隙面积占比/%	孔隙体积占比/%	孔径/nm	数量/个	孔隙面积占比/%	孔隙体积占比/%	孔径/nm	数量/个	孔隙面积占比/%	孔隙体积占比/%
23.760	3	33.3	34.21	32.302	3	0.00	0.00	39.039 2	3	66.7	74.53	47.366 5	2	100	100.00
23.961	9	33.3	32.51	32.520	2	0.00	0.00	39.189	2	0.00	0.00	47.417 5	2	0.00	0.00
24.159	6	50.0	47.58	32.629	2	100.00	100.00	39.337 7	1	0.00	0.00	47.57	1	100.	100.00
24.354	8	37.5	32.21	32.736	5	80.00	76.94	39.411 7	1	0.00	0.00	47.721 5	1	0.00	0.00
24.546	5	39.8	39.44	32.842	3	66.67	64.20	39.485 4	1	0.00	0.00	47.771 8	2	100	100.00
24.735	6	16.7	17.10	32.95	4	75.00	82.52	40.065	1	100	100.00	48.021 6	1	0.00	0.00
24.920	12	33.3	30.91	33.053	3	33.33	32.14	40.136 3	2	100	100.00	48.071 3	2	50.0	51.57
25.104	7	42.8	46.10	33.468	2	50.00	44.38	40.278 2	1	0.00	0.00	48.513 7	1	0.00	0.00
25.284	5	40.0	34.63	33.567	1	0.00	0.00	40.348 7	2	50.0	42.21	48.610 9	1	100	100.00
25.462	8	37.5	36.99	33.671	2	0.00	0.00	40.419	1	100	100.00	48.900 3	1	0.00	0.00
25.638	3	33.3	34.68	33.772	3	66.67	70.09	40.489	3	33.3	38.99	48.948 2	1	100.	100.00
25.811	3	33.3	38.31	33.872	3	66.67	64.66	40.697 7	1	100.	100.00	49.138 8	1	0.00	0.00
25.982	6	0.00	0.00	33.972	2	50.00	63.33	40.766 8	1	0.00	0.00	49.468 9	1	100	100.00
26.151	2	0.00	0.00	34.170	4	100.00	100.00	40.904 3	1	100.	100.00	49.609 1	1	100	100.00
26.317	3	33.1	27.13	34.267	1	0.00	0.00	40.972 7	1	0.00	0.00	49.794 7	1	100	100.00
26.482	2	0.00	0.00	34.365	1	100.00	100.00	41.244 1	1	100.	100.00	49.887	1	100	100.00
26.644	5	60.0	50.75	34.558	2	100	100.00	41.445 3	1	100	100.00	49.979	2	100	100.00
26.805	4	25.0	24.07	34.749	2	0.00	0.00	41.511 9	1	0.00	0.00	—	—	—	—

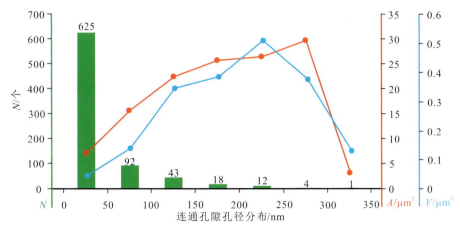

图 4-24　伯方矿煤样品连通孔隙的数量(N,个)、面积(A,μm^2)及体积(V,μm^3)分布图

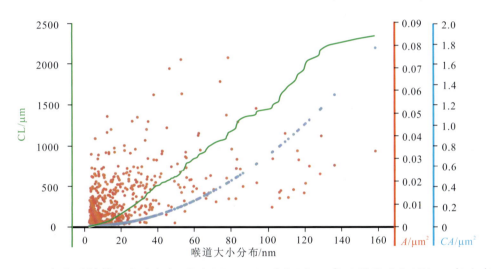

图 4-25　伯方矿煤样品喉道大小、长度(CL,μm)、面积(A,μm^2)及累计面积(CA,μm^2)分布图

表 4-5　伯方矿煤样品喉道的关键参数

尺寸/nm	数量/个	面积/μm^2	平均长度/μm	累计长度/μm
0~10	364	0.034 4	0.284 6	53.905 9
10~20	134	0.094 1	0.291 6	39.068 5
20~30	62	0.117 8	0.413 9	25.661 8
30~40	42	0.155 2	0.482 4	20.262 4
40~50	14	0.087 1	0.664 3	9.300 1
50~100	45	0.641 2	0.751 1	33.801 5
100~150	16	0.668 7	0.627 9	10.046 4
150~200	1	0.078 4	0.916 9	0.916 9

第 5 章　实验室尺度 CO_2-ECBM 流体连续性过程数值模拟

实验室尺度上，CO_2-ECBM 流体连续性过程数值模拟一般研究思路：首先，基于连通孔裂隙结构提取，获得数值模拟所需的地质载体，主要工作包括获得原始 CT 数据、对二维切片进行分割、对三维孔裂隙结构进行重构以及提取连通孔裂隙网络模型（图 5-1）（此部分内容在本书的第 2.2 章节、第 4.2 章节进行了系统的介绍）；其次，在 MATLAB 软件中将所提取的关于连通孔裂隙网络模型的 STL 文件导入 COMSOL Multiphysics 软件中进行数值模拟所需的网格划分与调试（图 5-1）；最后，在 COMSOL Multiphysics 仿真软件内进行实验室尺度 CO_2-ECBM 流体连续性过程数值仿真与分析，主要工作包括数学模型推导、边界条件加载、材料属性加载、数值求解以及数值结果后处理（图 5-1），此部分内容是本章的核心分析内容。

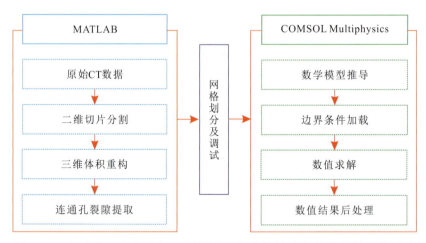

图 5-1　实验室尺度上 CO_2-ECBM 流体连续性过程数值分析研究思路

实验室尺度上，CO_2-ECBM 流体连续性过程数值模拟具体研究步骤：第一步是连通孔裂隙提取及孔裂隙结构参数分析，进行数值模拟地质载体的提取与网格划分[图 5-2(a)]；第二步是数值模拟气体参数测试，对数值模拟所需的储层及气体物性参数进行分析测试[图 5-2(b)]；第三步是实验室尺度 CO_2-ECBM 流体连续性过程数值模型推导，在考虑孔裂隙几何结构与拓扑结构、气体朗格谬尔参数及扩散系数等全耦合情况下，进行实验室尺度

CO_2-ECBM 流体连续性过程数学模型的推导[图 5-2(c)];第四步是数值运算及数值结果分析,进行数值模拟的运算及数值结果的后处理,重点探讨注气压力及气体扩散系数对微观尺度 CO_2-ECBM 流体连续性过程的影响[图 5-2(d)]。

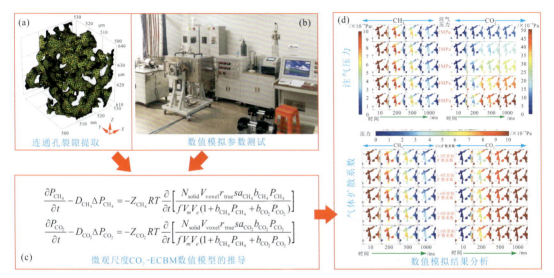

图 5-2 微观尺度上 CO_2-ECBM 流体连续性过程数值模拟研究步骤
(a)连通孔裂隙提取及孔裂隙结构参数分析;(b)数值模拟气体参数测试;
(c)CO_2-ECBM 流体连续性过程数学模型;(d)数值模拟部分分析结果

5.1 CO_2-ECBM 流体连续性过程数值模拟

5.1.1 地质模型预处理

以本书第 4.2 章节所提取的等价孔裂隙网络模型为载体,可以实现实验室尺度上 CO_2-ECBM 流体连续性过程的数值分析。鉴于 COMSOL Multiphysics 仿真软件对计算机存储容量的要求,当所选取的样本大于 $60 \times 60 \times 60$ 体素时,COMSOL Multiphysics 软件的仿真过程往往会因计算机内存不足而溢出。因此,本次实验室尺度 CO_2-ECBM 流体连续性过程数值分析特选取网格大小为 $60 \times 60 \times 60$ 体素(图 5-3)。

基于 MATLAB 软件,可在等价孔裂隙网络模型中提取连通的孔隙与喉道,并可将输出的 STL 文件导入 COMSOL Multiphysics 仿真软件中进行实验室尺度 CO_2-ECBM 流体连续性过程数值模拟,从而架起几何模型到数值模拟的桥梁(图 5-1、图 5-3)。

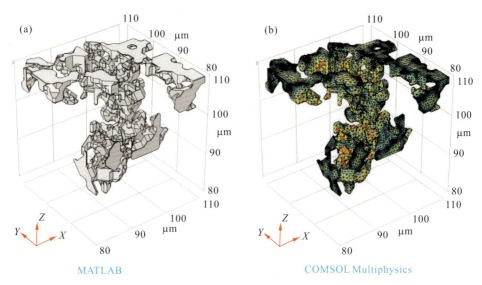

图 5-3 实验室尺度 CO_2-ECBM 流体连续性过程数值模拟地质模型

(a)连通孔裂隙网络模型;(b)模拟网格

由于煤储层孔裂隙结构的复杂性,在 COMSOL Multiphysics 仿真软件中进行地质模型网格划分时常会出现误差提示,往往不利于后期数值研究的开展。因此,需在 COMSOL Multiphysics 仿真软件中对出现误差提示的地质模型进行网格的手动修复与调试,主要包括:消除重合边、共面、倒角、小孔、交叉及缝隙,修复尖角及缺口等(图 5-4)[37,53,59,72,108]。通过连续调试,可在 COMSOL Multiphysics 仿真软件中生成可用于实验室尺度 CO_2-ECBM 流体连续性过程数值模拟所需的无误差的四面体网格[图 5-3(b)]。

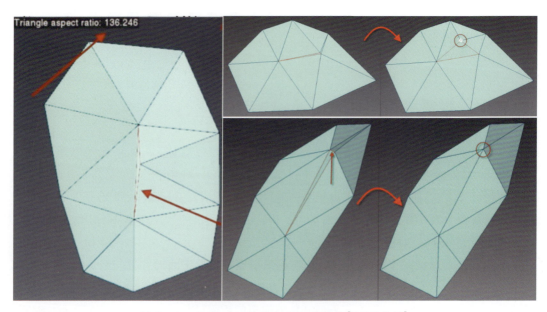

图 5-4 孔隙几何模型表面细节修复[37,53,59,72,108]

5.1.2 数学模型推导

为了实现实验室尺度上 CO_2-ECBM 数值模拟分析,特建立基于实验室尺度上的含孔裂隙结构参数的 CO_2-ECBM 数值模型。该模型又全耦合了含 CO_2/CH_4 二元气体竞争吸附的扩展 Langmuir 方程及气体的吸附/解吸及扩散理论方程[109]。

煤基质内,气体的扩散主要受控于自身浓度,且遵循菲克定律[110]。基于菲克第一定律,气体在煤基质内的吸附与扩散所遵循的连续性方程如式(5-1)所示,即含气体源项 S 的菲克第二定律[109-110]:

$$\frac{\partial C}{\partial t} - D \nabla C = S \quad (5-1)$$

其中,C 为气体浓度,与气体自身所处空间位置(x,y,z)及被分析的时间 t 密切相关;D 为气体扩散系数,单位为 m^2/s;S 为气体源项。

对全耦合的气体吸附、扩散理论方程而言,式(5-1)中的气体源项 S 可以用煤基质所吸附的气体浓度随时间的变化来表征[109]:

$$S = -\frac{\partial C_{ad}}{\partial t} \quad (5-2)$$

其中,C_{ad} 为煤基质内吸附气体的浓度,单位为 mol/L[109],同时可以表示为:

$$C_{ad} = \frac{n_{ad}}{V_e} = \frac{sv/V_m}{V_e} = \frac{sv}{V_m V_e} \quad (5-3)$$

其中,n_{ad} 为煤基质所吸附的气体量,单位为 mol;V_e 为本次数值计算中网格元素的体积,单位为 m^3;s 为网格元素内的孔隙表面积,单位为 nm^2;v 为单位孔隙表面积内所吸附的气体量,单位为 ml;V_m 为气体的摩尔体积,单位为 $22.4L/mol$。

单位孔隙表面积内所吸附的气体量 v 可通过式(5-4)进行计算[109]:

$$v = \frac{V N_{solid} V_{voxel} \rho_{true}}{f} \quad (5-4)$$

其中,V 为单位质量煤中所吸附的气体体积,单位为 m^3;f 为总的孔隙表面积,单位为 m^2;N_{solid} 为固体体素的总数量;V_{voxel} 为单位体素的体积,单位为 m^3;ρ_{true} 为样品的真实密度,单位为 kg/m^3。

本次实验室尺度 CO_2-ECBM 数值模拟研究中,假设气体只吸附于基质孔隙的内表面中。当位置(x,y,z)的体素灰度值 $g(x,y,z)$ 满足式(5-5)条件时,方可对孔隙的内表面进行标识(孙英峰,2018):

$$\begin{cases} g(x,y,z) - g(x+1,y,z) = -1, or \\ g(x,y,z) - g(x,y+1,z) = -1, or \\ g(x,y,z) - g(x,y,z+1) = -1, or \\ g(x-1,y,z) - g(x,y,z) = -1, or \\ g(x,y-1,z) - g(x,y,z) = -1, or \\ g(x,y,z-1) - g(x,y,z) = -1 \end{cases} \quad (5-5)$$

其中,孔隙体素的灰度值为1,其他体素的灰度值为0。

对于CH_4/CO_2双组分气体,煤基质内吸附气体的浓度C_{ad}可用式(5-6)、式(5-7)扩展的朗格谬尔方程来表征,且每种气体组分独立于其他组分进行扩散的理论在CO_2-ECBM先导性试验中也得到了验证[109,111]:

$$V_{CH_4} = \frac{a_{CH_4} b_{CH_4} P_{CH_4}}{1 + b_{CH_4} P_{CH_4} + b_{CO_2} P_{CO_2}} \quad (5-6)$$

$$V_{CO_2} = \frac{a_{CO_2} b_{CO_2} P_{CO_2}}{1 + b_{CH_4} P_{CH_4} + b_{CO_2} P_{CO_2}} \quad (5-7)$$

其中,V_{CH_4}与V_{CO_2}分别为CH_4与CO_2的吸附体积,单位为m^3;P_{CH_4}与P_{CO_2}分别为CH_4与CO_2的气体压力,单位为Pa;a_{CH_4}与a_{CO_2}分别为CH_4与CO_2的朗格谬尔体积,单位为m^3/kg;b_{CH_4}与b_{CO_2}分别为CH_4与CO_2的朗格谬尔压力,单位为1/Pa。

基于上述分析,煤基质内CH_4与CO_2气体的吸附/解吸、扩散全耦合方程可分别推导如下式(5-8)、式(5-9)所示:

$$\frac{\partial C_{CH_4}}{\partial t} - D_{CH_4} \Delta C_{CH_4} = -\frac{\partial}{\partial t}\left[\frac{N_{solid} V_{voxel} \rho_{true} s a_{CH_4} b_{CH_4} P_{CH_4}}{f V_m V_e (1 + b_{CH_4} P_{CH_4} + b_{CO_2} P_{CO_2})}\right] \quad (5-8)$$

$$\frac{\partial C_{CO_2}}{\partial t} - D_{CO_2} \Delta C_{CO_2} = -\frac{\partial}{\partial t}\left[\frac{N_{solid} V_{voxel} \rho_{true} s a_{CO_2} b_{CO_2} P_{CO_2}}{f V_m V_e (1 + b_{CH_4} P_{CH_4} + b_{CO_2} P_{CO_2})}\right] \quad (5-9)$$

考虑气体压缩性,则气体状态方程可表征如式(5-10)所示:

$$C = \frac{n}{V} = \frac{P}{ZRT} = \frac{P}{f(T,P)RT} \quad (5-10)$$

其中,Z为压缩因子,与温度和压力有关;T为温度,单位为K;P为压力,单位为MPa。

本次数值模拟研究,假设温度恒定。基于NIST(National Institute of Standards and Technology)数据库信息,对一定压力范围内的CO_2、CH_4的压力值与压缩因子进行线性拟合(webbook.nist.gov/chemistry/fluid/),即可分别得到CH_4与CO_2的气体压缩因子与气体压力间的关系,如图5-5所示。

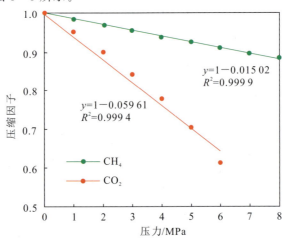

图5-5 压缩因子与压力间的关系

基于上述分析,在考虑气体压缩效应情况下,煤基质内 CH_4 与 CO_2 气体的吸附/解吸、扩散全耦合方程可分别推导如式(5-11)、式(5-12)所示:

$$\frac{\partial P_{CH_4}}{\partial t} - D_{CH_4}\Delta P_{CH_4} = -Z_{CH_4}RT\frac{\partial}{\partial t}\left[\frac{N_{solid}V_{voxel}\rho_{true}sa_{CH_4}b_{CH_4}P_{CH_4}}{fV_mV_e(1+b_{CH_4}P_{CH_4}+b_{CO_2}P_{CO_2})}\right] \quad (5-11)$$

$$\frac{\partial P_{CO_2}}{\partial t} - D_{CO_2}\Delta P_{CO_2} = -Z_{CO_2}RT\frac{\partial}{\partial t}\left[\frac{N_{solid}V_{voxel}\rho_{true}sa_{CO_2}b_{CO_2}P_{CO_2}}{fV_mV_e(1+b_{CH_4}P_{CH_4}+b_{CO_2}P_{CO_2})}\right] \quad (5-12)$$

5.1.3 数值参数及方案

1)数值参数

本次实验室尺度 CO_2-ECBM 流体连续性过程数值模拟研究所需的模拟参数均来源于相关分析测试实验,且模拟所需的气体属性参数均按照 CH_4 与 CO_2 气体属性参数而设置(表5-1)。

表5-1 实验室尺度 CO_2-ECBM 过程数值模拟参数

变量	参数	值	单位
R	普适气体常数	8.314	J/(K·mol)
T	模拟温度	303	K
s	网格元素内的孔隙表面积	5.4×10^{-9}	m^2
a_{CH_4}	CH_4 朗格谬尔体积常数	0.011	m^3/kg
b_{CH_4}	CH_4 朗格谬尔压力常数	1.86×10^{-7}	1/Pa
a_{CO_2}	CO_2 朗格谬尔体积常数	0.025 7	m^3/kg
b_{CO_2}	CO_2 朗格谬尔压力常数	4.93×10^{-7}	1/Pa
V_m	气体的摩尔体积	0.022 4	m^3/kg
f	总的孔隙表面积	1×10^{-9}	m^2
N_{solid}	固体体素的总数量	2.2×10^7	—
V_{voxel}	单位体素的体积	1×10^{-18}	m^3
ρ_{true}	煤体密度	1250	kg/m^3
V_e	数值计算中网格元素的体积	2.7×10^{-14}	m^3
D_1	CH_4 扩散系数	3.6×10^{-12}	m^2/s
D_2	CO_2 扩散系数	5.8×10^{-12}	m^2/s
P_{10}	CH_4 初始压力	1×10^{-2}	Pa
P_{20}	CO_2 初始压力	0	Pa

2)边界加载

在实验室尺度上,CO_2-ECBM 流体连续性过程数值模拟研究,其边界条件加载如图5

-6所示:初始条件下,储层孔隙内饱和CH_4气体压力为$1\times10^{-2}Pa$,且CO_2气体压力设为0Pa;在CO_2-ECBM过程中,孔隙外部(即立方体外表面)CH_4气体压力设为0Pa,且CO_2气体压力设为$1\times10^{-2}Pa$(图5-6)。

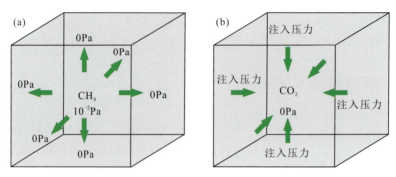

图5-6 在CO_2-ECBM过程中CH_4及CO_2边界条件加载示意图
(a)CH_4边界条件加载;(b)CO_2边界条件加载

3)数值方案

针对本次实验室尺度CO_2-ECBM流体连续性过程数值模拟研究,其数值方案设计如表5-2所示:方案1主要表征实验室尺度CO_2-ECBM流体连续性过程可视化结果;方案2主要探讨注CO_2压力对CO_2-ECBM流体连续性过程的影响;方案3主要探讨CO_2扩散系数对CO_2-ECBM流体连续性过程的影响。

表5-2 实验室尺度CO_2-ECBM流体连续性过程数值模拟方案

模拟方案	参数设置	方案目的
方案1	注CO_2压力=CH_4初始压力	CO_2-ECBM流体连续性过程可视化
方案2	注CO_2压力=1倍CH_4初始压力	注CO_2压力对CO_2-ECBM流体连续性过程的影响
方案2	注CO_2压力=2倍CH_4初始压力	注CO_2压力对CO_2-ECBM流体连续性过程的影响
方案2	注CO_2压力=3倍CH_4初始压力	注CO_2压力对CO_2-ECBM流体连续性过程的影响
方案2	注CO_2压力=4倍CH_4初始压力	注CO_2压力对CO_2-ECBM流体连续性过程的影响
方案2	注CO_2压力=5倍CH_4初始压力	注CO_2压力对CO_2-ECBM流体连续性过程的影响
方案3	CO_2模拟扩散系数=1.2倍实际CO_2扩散系数	CO_2扩散系数对CO_2-ECBM流体连续性过程的影响
方案3	CO_2模拟扩散系数=1.4倍实际CO_2扩散系数	CO_2扩散系数对CO_2-ECBM流体连续性过程的影响
方案3	CO_2模拟扩散系数=1.6倍实际CO_2扩散系数	CO_2扩散系数对CO_2-ECBM流体连续性过程的影响
方案3	CO_2模拟扩散系数=1.8倍实际CO_2扩散系数	CO_2扩散系数对CO_2-ECBM流体连续性过程的影响
方案3	CO_2模拟扩散系数=2.0倍实际CO_2扩散系数	CO_2扩散系数对CO_2-ECBM流体连续性过程的影响

5.1.4 数值结果及分析

1)CO_2-ECBM 数值结果可视化

基于 COMSOL Multiphysics 仿真软件,对实验室尺度 CO_2-ECBM 流体连续性过程模拟结果进行了后处理分析,可得出 CO_2 及 CH_4 气体运移的压力场在三维立体、二维平面及一维点上的分布(图 5-7~图 5-9)。

图 5-7 为 CO_2-ECBM 过程中,CO_2 及 CH_4 气体压力在三维立体图上的分布。

对于 CH_4 而言,随着 CO_2 驱替 CH_4 时间的增加,无论在注气边缘还是中心,CH_4 气体压力逐渐降低[图 5-7(a)];对于 CO_2 而言,随着 CO_2 驱替 CH_4 时间的增加,自注气边缘至中心,CO_2 气体压力逐渐增大[图 5-7(b)]。在整个 CO_2 驱替 CH_4 的周期内,虽然压降相同($\Delta P = 0.01 Pa$),但不同时间及不同位置上,气体压力的三维分布差异较大(图 5-7)。气体压力在不同时间和位置上的差异在于孔隙与喉道半径、形状及连通性间的差异。在同一时间上,CO_2 驱替 CH_4 的过程中,CH_4 气体压力逐渐降低的区域正是 CO_2 气体压力逐渐提高的区域(图 5-7)。

为进一步分析气体压力场在不同切片内的分布状态,特对不同切片内的压力场进行了定量分析。CO_2 气体自边缘向中心逐渐进行驱替行为,特以在 X 轴 85 μm(5th切片)、90 μm(10th切片)、95 μm(15th切片)、100 μm(20th切片)、105 μm(25th切片)和 110 μm(30th切片)的位置为例进行分析,其中分析时间为第 15s、30s、45s 及 60s(图 5-8)。原始切片中,黑色区域代表煤基质,白色区域代表煤孔隙(图 5-8),即为本次实验室尺度 CO_2-ECBM 流体连续性过程数值模拟的载体。

图 5-8 为 CO_2-ECBM 过程中,CO_2 及 CH_4 气体压力在二维平面上的分布。对于 CH_4 气体而言,随着 CO_2 驱替 CH_4 时间的增加,同一切片中,气体压力自切片中心向切片边缘不断降低,且储层内 CH_4 气体的总压力也随着 CO_2 驱替 CH_4 时间的增加而逐渐减低;同一时间下,不同切片中,中心切片(即 10th切片、15th切片、20th切片、25th切片,代表储层内部)CH_4 气体压力相对较高,而边缘切片(即,5th切片、30th切片,代表储层边缘或者生产井附近)CH_4 气体压力相对较低(图 5-8)。对于 CO_2 气体而言,气体压力的分布与 CH_4 气体的分布正好相反:随着 CO_2 驱替 CH_4 时间的增加,同一切片中,CO_2 气体压力自切片边缘向切片中心不断增加,且储层内 CO_2 气体的总压力也随着 CO_2 驱替 CH_4 时间的增加而逐渐提高;同一时间下,不同切片中,中心切片(即 10th切片、15th切片、20th切片、25th切片:代表储层内部)CO_2 气体压力相对较低,而边缘切片(即 5th切片、30th切片:代表储层边缘或者注气井附近)CO_2 气体压力相对较高(图 5-8)。

本次研究,特选取 $A(82,128,109)$、$B(87,120,107)$、$C(96,115,104)$ 3 个监测点,定量研究实验室尺度上 CO_2-ECBM 过程中不同位置 CH_4 及 CO_2 气体压力随时间的分布规律(图 5-9)。从 A 点至 C 点代表从煤储层的周缘至煤储层的中心位置。

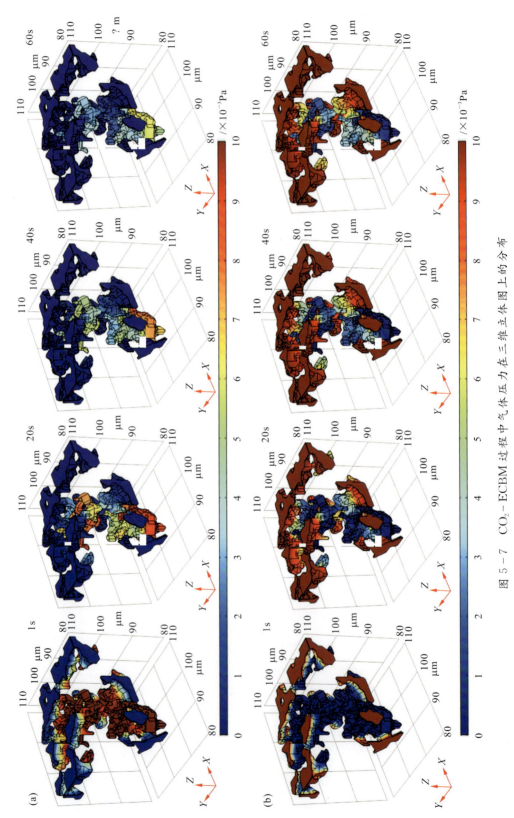

图 5-7 CO_2-ECBM 过程中气体压力在三维立体图上的分布
(a) CH_4; (b) CO_2

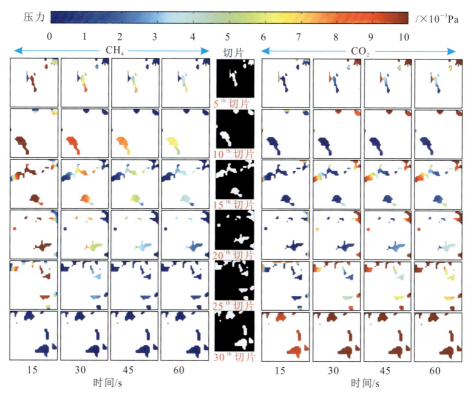

图 5-8　CO_2-ECBM 过程中气体压力在二维平面上的分布

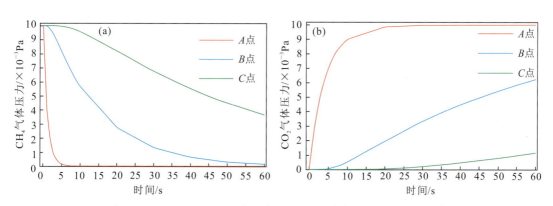

图 5-9　CO_2-ECBM 过程中不同位置的气体压力-时间曲线
(a)CH_4 压力-时间曲线；(b)CO_2 压力-时间曲线

图 5-9 为 CO_2-ECBM 过程中，CO_2 及 CH_4 气体压力在一维点上的分布。针对 CH_4 而言，不同位置 CH_4 气体压力均随着 CO_2 驱替 CH_4 时间的增加而逐渐减少；同一时间下，越靠近模型中心位置 CH_4 气体压力越高，越靠近模型周缘则 CH_4 气体压力越低[图 5-9(a)]。就

CO_2而言,不同位置上CO_2气体压力均随着CO_2驱替CH_4时间的增加而逐渐增大;同一时间下,越靠近模型中心位置,CO_2气体压力越低,越靠近模型周缘则CO_2气体压力越高[图5-9(b)]。气体压力在CO_2驱替CH_4的前期(0~20s)变化较快,后期(>20s)变化较缓(图5-9)。

2)注CO_2压力对CO_2-ECBM的影响

保持CH_4饱和压力为$1×10^{-2}$Pa及CO_2扩散系数不变,并按方案2改变注CO_2压力来分析注气压力对CO_2-ECBM的影响。本次研究以分析CO_2气体分布规律为主。

图5-10为CO_2-ECBM过程中,改变注CO_2压力时,CO_2压力场在三维立体图上的分布。同一注CO_2时间下,随着注CO_2压力的增大,CO_2气体压力呈逐渐增大的趋势,且各注CO_2压力下,储层内CO_2气体压力的差异较为明显。不同注CO_2压力下,煤储层内CO_2压力变化均较大,且切片中心CO_2压力的改变量相对较小,切片边缘CO_2压力的改变量相对较大。

为进一步分析不同注CO_2压力下,CO_2压力场在不同切片内的分布状态,特以X轴在95μm(15^{th}切片)的位置为例进行分析,其中分析时间为第1s、10s、20s、40s及60s(图5-11)。

图5-11为CO_2-ECBM过程中,改变注CO_2压力时,CO_2压力场在二维平面上的分布。同一注气时间下,随着注CO_2压力的增大,CO_2气体压力呈逐渐增大的趋势。同一注气压力下,随着注CO_2时间的增加,CO_2气体压力自切片边缘向切片中心逐渐变大。

本次研究特选取B(87,120,107)为监测点,定量研究实验室尺度CO_2-ECBM过程中,不同注CO_2压力下,煤储层内气体压力的变化规律(图5-12)。

图5-12为CO_2-ECBM过程中不同注CO_2压力下B点处CO_2气体压力的分布。不同注CO_2压力下,孔隙内CO_2的气体压力均随注CO_2时间的增加而逐渐增大;同一时间下,注气压力越大,CO_2压力增加速率越快,表明CO_2的扩散与吸附速率随着注气压力增大而变大。注CO_2压力越大,孔隙内CO_2气体压力达到稳定状态的时间越早(如$T_{S5}>T_{S4}>T_{S3}>T_{S2}>T_{S1}$)。

3)CO_2扩散系数对CO_2-ECBM的影响

保持CH_4饱和压力为$1×10^{-2}$Pa及CO_2注气压力不变,并按方案3改变CO_2扩散系数来分析CO_2扩散系数对CO_2-ECBM的影响。

图5-13为CO_2-ECBM过程中,不同CO_2扩散系数下,CO_2气体压力的三维分布图。

同一注CO_2时间下,随着注CO_2扩散系数的增大,CO_2气体压力呈逐渐增大的趋势,但各注CO_2扩散系数下的储层内CO_2气体压力的差异不明显,主要原因在于煤储层内注入CO_2压力整体较低。同一CO_2扩散系数下,煤储层内CO_2压力变化均较大,且切片中心CO_2压力的改变量相对较小,切片边缘CO_2压力的改变量相对较大(图5-13)。

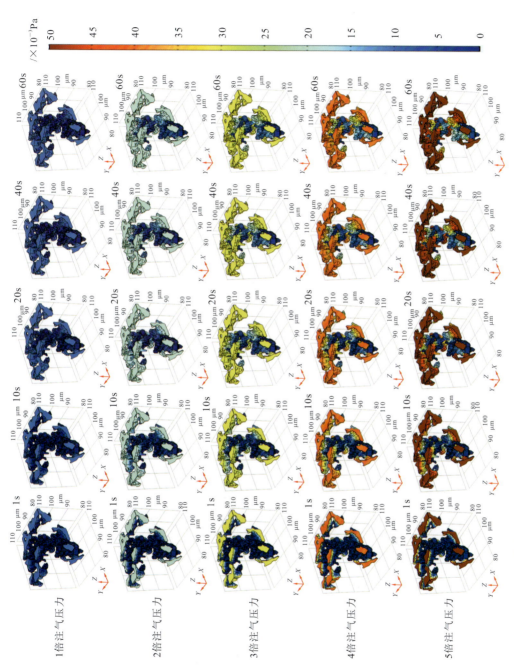

图 5-10 注 CO_2 压力对 CO_2-ECBM 的影响（CO_2 压力场的三维立体分布图）

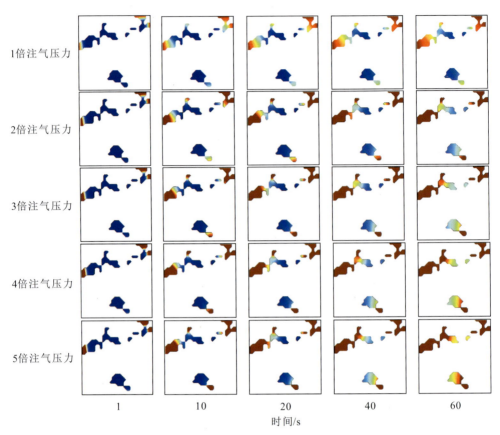

图 5-11　CO_2-ECBM 过程中不同注 CO_2 压力下 CO_2 压力场的二维平面分布图（15^{th}切片）

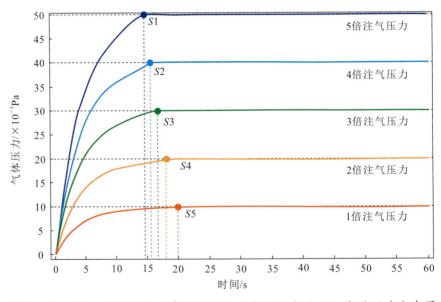

图 5-12　CO_2-ECBM 过程中不同注气压力下 B 点处 CO_2 气体压力分布图

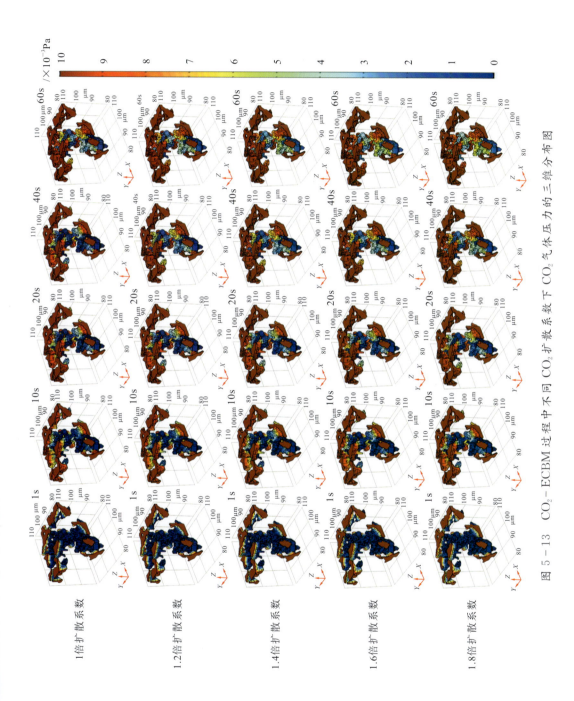

图 5-13 CO_2-ECBM 过程中不同 CO_2 扩散系数下 CO_2 气体压力的三维分布图

图 5-14 为 CO_2-ECBM 过程中,不同 CO_2 扩散系数下储层内 CO_2 气体压力的二维平面分布图。同一注 CO_2 时间下,随着注 CO_2 扩散系数的增大,CO_2 气体压力呈逐渐增大的趋势,但各注 CO_2 扩散系数下的储层内 CO_2 气体压力的差异不明显。同一 CO_2 扩散系数下,煤储层内 CO_2 压力变化均较大,且切片中心 CO_2 压力的改变量相对较小,切片边缘 CO_2 压力的改变量相对较大。

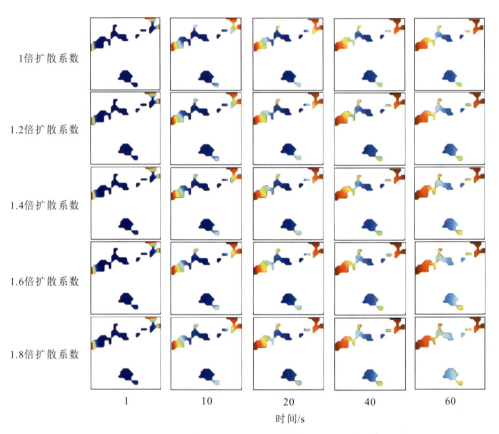

图 5-14　CO_2-ECBM 过程中不同 CO_2 扩散系数下储层内 CO_2 气体压力的二维平面分布图(15^{th}切片)

本次研究特选取 $B(87,120,107)$ 为监测点,定量研究实验室尺度 CO_2-ECBM 过程中,不同 CO_2 扩散系数下,煤储层内 CO_2 压力的变化规律(图 5-15)。

图 5-15 为 CO_2-ECBM 过程中不同扩散系数下 B 点处 CO_2 压力的分布图。不同 CO_2 扩散系数下,孔隙内 CO_2 的气体压力均随 CO_2 扩散系数的增加而逐渐增大;同一时间下,CO_2 扩散系数越大,CO_2 压力增加速率越快,表明 CO_2 的扩散与吸附速率随着 CO_2 扩散系数增大而变大。CO_2 扩散系数越大,孔隙内 CO_2 气体压力达到稳定状态的时间越早。

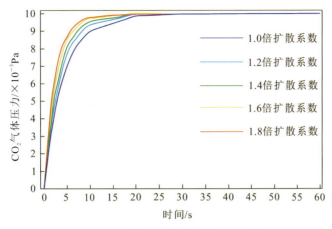

图 5-15 CO_2-ECBM 过程中不同扩散系数下 B 点处 CO_2 压力分布图

5.2 CO_2-ECBM 过程连续性机制分析

基于前文实验室尺度 CO_2-ECBM 流体连续性过程数值模拟分析结果,可对实验室尺度 CO_2-ECBM 流体连续性过程机制探讨进行规律性分析与总结。该分析与总结主要是为模拟工程尺度 CO_2-ECBM 流体连续性过程数学模型的推导及其基本假设的设定做前期准备。

5.2.1 CO_2-ECBM 连续性过程动态特征

图 5-16 为 CO_2-ECBM 流体连续性过程简易示意图。基于此图并结合前人关于 CO_2-ECBM 渗流理论的相关论述[26],可分别分析 CH_4 及 CO_2 气体在 CO_2-ECBM 过程中的吸附-解吸-扩散-渗流等连续性过程。

对于 CO_2 而言:注入的 CO_2 主要以连续性流动为主,沿着宏观裂隙和显微裂隙向煤基质运移;注入的 CO_2 首先置换大孔及中孔内表面覆盖式吸附的 CH_4,以形成 CO_2 的单分子层吸附;继而以 Fick 型扩散、滑流及表面扩散等方式运移至微孔;进而,CO_2 置换出微孔内以体积充填方式吸附的 CH_4,并形成 CO_2 的多分子层吸附(图 5-16)。

对于 CH_4 而言:初始状态下,煤储层内的 CH_4 气体处于饱和状态,CH_4 分子在煤储层基质内维持着气体吸附-解吸行为的动态平衡状态。注入的 CO_2 会打破基质内 CH_4 的这种平衡状态。由于煤基质对 CO_2 的吸附能力大于 CH_4,因此,当 CO_2 与 CH_4 在煤基质内进行竞争吸附行为时,煤基质优先吸附 CO_2 而解吸 CH_4,从而完成 CO_2 置换 CH_4 的过程(图 5-16)。

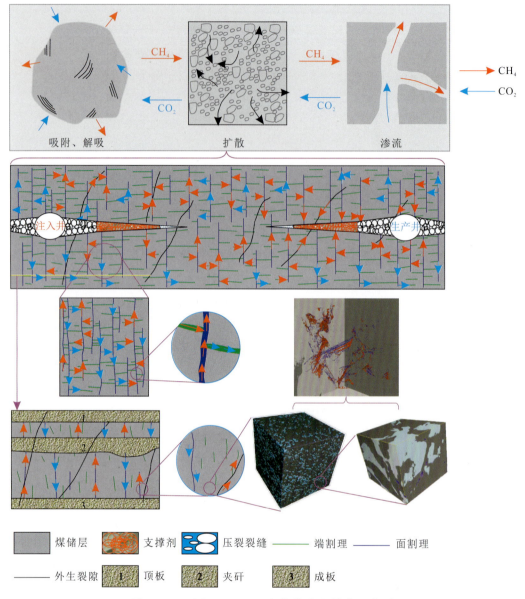

图 5-16 CO_2-ECBM 连续性过程简易示意图

煤基质内表面所吸附的 CH_4 与 CO_2 存在吸附位的竞争,一般而言,煤基质对 CO_2 的吸附能力是对 CH_4 吸附能力的两倍;被解吸出来的 CH_4 在浓度梯度的作用下以扩散的方式从煤基质表面进入到微孔与小孔中,其过程主要遵循 Fick 定律;继而在压力梯度的作用下以渗流的方式从孔隙运转到裂隙,继而运移至井筒,此过程主要遵循达西定律(图 5-17)。

基于对道尔顿定律的分析,CO_2-ECBM 过程中,尽管煤储层内的气体总压力保持不变,但储层内 CO_2 的分压随时间不断增加,CH_4 分压随时间不断减少;储层内注入的 CO_2 经过竞争吸附逐渐取代储层内的 CH_4,使得 CH_4 采收率得以提高,并同时储存 CO_2(图 5-17)。

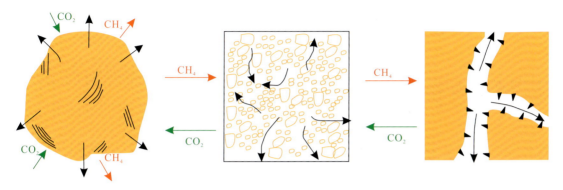

图 5-17 CO_2 注入与 CH_4 产出流体动态过程[112-113]

5.2.2 CO_2-ECBM 连续性过程控制因素

CO_2-ECBM 流体连续性过程主要受煤岩类型、围压大小、注气压力、温度、注气类型等几方面影响[114-117]。煤岩类型有高阶煤与低阶煤的差异；围压随煤层埋深有高低不同；注压变化由低压、常压向高压逐渐探索；温度随煤层埋深也有高低不同；注气类型由单一气体向混合气体探索，且混合气体的注气比例也在不断调整。总而言之，CO_2-ECBM 流体连续性过程是一个受各因素相互影响的过程，且主要影响因素可归为"煤储层孔裂隙结构网络"及"储层内流体特征"两个方面。

1）煤储层孔裂隙结构网络

煤储层可抽象为由基质孔隙和裂隙组成的双孔介质，"双孔"特指基质孔隙系统和由网状微裂缝、面/割端理和断层组成的裂隙系统。孔隙主要是在成煤过程中，煤储层受物理、化学作用所发育演化；裂隙主要受后期应力效应所演化形成。煤储层内，相互连通的孔裂隙所形成的多级孔裂隙结构网络，可制约煤储层内流体的吸附/解吸、扩散及渗流。流体在煤储层内总体处于动态平衡中，煤基质内孔隙系统主要是流体的吸附场所，而流体的运移通道主要为裂隙系统。

煤储层内的孔隙系统（吸附孔隙、渗流孔隙）和裂隙系统（微观裂隙及宏观裂隙）构成了煤储层孔裂隙多级网络结构，是 CO_2-ECBM 过程中 CH_4 与 CO_2 气体的主要赋存空间及运移通道。对 CO_2-ECBM 连续性过程的制约效应可总结如下：① CO_2-ECBM 过程中，煤储层内的微孔和中孔是 CH_4 与 CO_2 气体的主要赋存场所；② 在孔裂隙尺度上，CO_2-ECBM 过程中 CH_4 的运移产出路径为微孔→中孔→大孔→显微裂隙→内生裂隙→宏观裂隙→压裂裂缝；③ 在孔裂隙尺度上，CO_2-ECBM 过程中 CO_2 的运移路径与 CH_4 的运移路径正好相反，表现为压裂裂缝→宏观裂隙→内生裂隙→显微裂隙→大孔→中孔→微孔；④ 宏观方面，CO_2-ECBM 过程中 CH_4 的产出经历了三级流动，表现为孔隙→天然裂隙→压裂裂缝→井筒；⑤ 宏观方面，CO_2-ECBM 过程中 CO_2 的注入也经历了三级流动，表现为井筒→压裂裂缝→天然裂隙→孔隙。

2)储层内流体特征

煤储层内除主要含有 CH_4 气体外,还含有 N_2、CO_2 等其他气体。煤储层内基质对各气体间的吸附差异及各气体间自身的物理、化学差异是煤储层内流体特征是影响 CO_2-ECBM 过程连续性的关键。

煤基质对储层内不同流体间的吸附能力与各流体分子的沸点成正比,针对 CH_4 和 CO_2 气体,其沸点逐渐增大(表 5-3),因此,煤基质对 CH_4 及 CO_2 气体的吸附能力依次增大。

表 5-3 CH_4、CO_2 的物理化学参数表

物理化学参数	CH_4	CO_2
沸点/℃	−161.5	−78.5
临界温度/℃	−82	31
临界压力/MPa	4.640 7	7.39
临界密度/(kg·m^{-3})	426	466
吸附能力大小	小	大

在相同温度、压力环境下,不同流体间的热运动程度也存在很大差异;气体黏度随着自身温度的升高而逐渐增大,与之相伴随的气体分子间的热运动越剧烈;CH_4 较 CO_2 黏度增大,因此,CH_4 热运动较剧烈,对 CH_4 及 CO_2 气体的扩散及渗流特性会产生影响,并最终影响 CO_2-ECBM 流体连续性过程。

5.2.3　CO_2-ECBM 连续性过程作用机制

1.气体吸附-解吸作用机制

1)吸附位理论

前文已提到,煤基质对于 CO_2、CH_4 等不同气体的吸附能力存在很大差异。煤基质对 CO_2 的吸附能力约为 CH_4 的 2 倍。基于经典的朗格谬尔理论,煤基质孔隙内表面存在可吸附气体分子的吸附位。当处于平衡状态下,煤基质孔隙内表面对气体分子的吸附速率等同其对气体分子的解吸速率。煤基质对气体分子的吸附过程及解吸过程是一个动态可逆的过程。当降低储层压力时,吸附在煤基质表面的气体会由吸附态变为游离态,初始的吸附平衡状态将会被打破。将储层内注入 CO_2 气体时,CO_2 气体分子会与储层内原始 CH_4 分子产生竞争吸附。由于煤基质对 CO_2 分子具有吸附优势,CO_2 分子会将 CH_4 分子从某一吸附位上竞争下来,从而完成置换吸附作用。

2)吸附势理论

煤分子与气体分子间所存在的色散力与诱导力可形成煤储层内煤分子与气体分子间的

吸附势阱深度[118-119]。吸附势阱深度与气体分子的极化率和电离势呈正相关关系[120]。CO_2 及 CH_4 的极化率和电离势数据见表 5-4，CO_2 分子的电离势及极化率均高于 CH_4 分子，因此，煤基质对 CO_2 气体的吸附能力相对高于 CH_4 气体。基于吸附势理论：吸附势能大的气体(如 CO_2)脱离煤基质表面所需的势能越大。当注入的 CO_2 气体与 CH_4 气体在煤基质内相遇时，CO_2 气体所具有的较大吸附势能，使 CO_2 与煤基质表面的结合更"牢固"，也可将吸附势能相对较弱的 CH_4 气体"踢出"煤基质，从而发生置换吸附与解吸作用。

表 5-4　CH_4、CO_2 的物理化学参数表

物理化学参数	CH_4	CO_2
电离势/eV	13.8	15.6
极化率体积/$\times 10^{-25} cm^3$	26	26.5
吸附能力大小	小	大

3) 分子运动理论

基于分子运动理论，在煤储层初始状态下，煤基质对 CH_4 气体的吸附与解吸总是处于动态的平衡状态中。对 CH_4 气体在煤基质孔隙内表面的吸附作用的研究表明：煤基质对 CH_4 气体的吸附总处于未饱和吸附状态，煤基质表面所赋予的所有吸附位并没有完全被 CH_4 气体分子所占据，仍然会有部分空余吸附位存在。吸附态的 CH_4 气体随时会解吸为游离态的 CH_4 气体，从而空出更多的空余吸附位；游离态的 CH_4 气体也可随时吸附为吸附态的 CH_4 气体，从而占据新的空余吸附位[图 5-18(a)]。

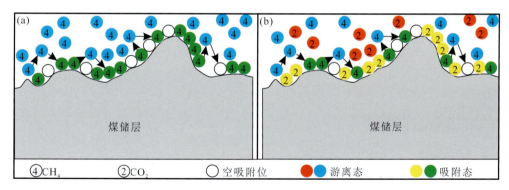

图 5-18　CH_4 及 CO_2 占据吸附位示意图
(a) 煤储层初始状态；(b) CO_2 注入煤储层后状态

在煤储层内注入 CO_2 时，游离态 CO_2 气体会与吸附态 CH_4 气体产生竞争吸附现象，以争夺煤基质表面的空余吸附位。由于煤基质对 CH_4 气体的吸附能力弱于 CO_2 气体，吸附态的 CH_4 分子会解吸为游离态的 CH_4 分子，从而空出更多的空吸附位供游离态的 CO_2 分子

所吸附[图 5-18(b)]。

2. 气体扩散作用机制

气体的扩散作用主要表征气体在浓度差作用下，由煤基质孔隙向显微裂隙的运移过程。气体扩散可以分为 3 类：Fick 型扩散、Knudsen 扩散及表面扩散。各种扩散类型的划分主要是基于 Knudsen 数（Kn）。广义的 Knudsen 数（Kn）可定义如下：

$$Kn = \frac{\mu}{4P}\sqrt{\frac{\pi RT\varphi}{M\tau_h K}} \tag{5-13}$$

其中，μ 为气体黏度，单位为 Pa·s；P 为储层内气体压力，单位为 Pa；R 为理想气体常数，无量纲；K 为多孔介质渗透率，单位为 m²；τ_h 为孔喉迂曲度，无量纲；M 为气体分子量，单位为 g/mol；T 为绝对温度，单位为 K。

Fick 型扩散：$Kn \geqslant 10$，气体分子的自由程远小于煤基质内的孔隙孔径，则自由分子间的运动碰撞主要发生在自由分子之间；Knudsen 型扩散：$Kn \leqslant 0.1$，气体分子的自由程远大于煤基质内孔隙孔径，则自由分子间的运动碰撞主要为自由分子与煤基质孔隙壁间的碰撞；当 $0.1 \leqslant Kn \leqslant 10$ 时，气体扩散则为过渡型扩散。

当 CO_2 气体被注入煤储层内，煤基质孔隙内均存在有一定浓度的 CH_4 及 CO_2 气体。对于 CH_4 气体而言：越来越多的吸附态 CH_4 分子向游离态转换，并持续向孔隙外扩散；且游离态的 CH_4 分压随着 CH_4 气体浓度的持续降低而进一步降低，这也将促使吸附于煤基质表面的 CH_4 分子进一步扩散至裂隙系统[121-122]。对于 CO_2 而言：初始状态下，煤储层孔裂隙内的 CO_2 分子浓度基本为 0。注入 CO_2 后，从裂隙至孔隙内，CO_2 气体浓度逐渐提高。CO_2 在浓度梯度作用下逐渐由裂隙向孔隙内扩散，并部分吸附在煤基质孔隙内表面，由游离态 CO_2 变为吸附态 CO_2[114-116,121]。

3. 气体渗流作用机制

气体的渗流作用主要表征气体在压力差作用下，在煤储层裂隙内的运移过程。CO_2-ECBM 过程中，煤储层内各级孔裂隙网络之间存在着压力差，从而使 CH_4 气体渗流出煤储层、CO_2 气体渗流进煤储层内[123-124]。CO_2-ECBM 过程中，流体的渗流作用主要遵循达西定律：

$$V = -\frac{k}{\mu}\frac{dP}{dx} \tag{5-14}$$

其中，V 为 CH_4 或 CO_2 的渗流速度，单位为 m/d；k 为 CH_4 或 CO_2 的渗透率，单位为 m²；μ 为 CH_4 或 CO_2 的黏度，单位为 Pa·s；P 为压力差，单位为 Pa；x 为距离长度，单位为 m。

综上所述，本章节主要开展了实验室尺度 CO_2-ECBM 流体连续性过程数值模拟分析，并对实验室尺度 CO_2-ECBM 流体连续性过程机制探讨进行了规律性分析与总结。实验室尺度上 CO_2-ECBM 流体连续性过程数值模拟主要是为模拟工程尺度 CO_2-ECBM 流体连续性过程数学模型的推导做基本假设的前期理论分析。

第 6 章 工程尺度 CO_2 – ECBM 流体连续性过程数值模拟——以柿庄区块为例

近年来,含 CH_4 煤层的 CO_2 地质封存技术在提高煤层气采收率的同时也封存了 CO_2[125-126]。伴随 CO_2 – ECBM 过程相关的温度场-流体场-应力场(THM)等多物理场全耦合机理分析成为新的研究热点。为了研究煤储层 CO_2 – ECBM 过程中 THM 场全耦合模型,部分学者建立了 CO_2 – ECBM 过程的流固耦合模型[127-128],研究了该过程的气体压力和浓度的分布[129-130],并进一步分析了 CH_4 累积生产量和 CO_2 累积储存量[127-128,131]。然而,前人的研究往往忽视了温度场对 CO_2 – ECBM 连续性过程的影响,只是简单地追求应力场与流体场的耦合;注重对气体压力和浓度分布的研究,而忽略了不同注 CO_2 压力和生产温度下储层渗透率的对比研究。

本章研究,建立了 CO_2 – ECBM 过程中 THM 场全耦合的数学模型,旨在揭示 CO_2 – ECBM 过程中 THM 场全耦合的机制。基于对沁水盆地柿庄区块地质背景的分析,详细设计了本次 CO_2 – ECBM 流体连续性过程数值模拟的地质模型与生产数值模拟方案。基于 COMSOL Multiphysics 仿真软件的使用,对比研究了直接开采和注 CO_2 开采对煤层气产量的影响,以及注 CO_2 压力和生产井温度对 CO_2 – ECBM 流体连续性过程的影响。本次研究对指导 CO_2 – ECBM 工程试验具有重要的理论和实践意义。

6.1 基本地质物理模型及基本假设

由本书第 4 章节可知:煤储层有机质、无机矿物及其接触区域均发育有孔隙及裂隙,且气体的吸附、解吸过程主要发生于孔隙内,运移、渗流过程主要发生于裂隙内。因此,工程尺度上 CO_2 – ECBM 流体连续性过程数值分析中,基本地质模型的构建可将煤储层抽象为主要由基质孔隙、裂隙所组成的"双孔"介质(图 6 – 1)[127,132-133]。

由图 6 – 1 可知:"双孔"特指基质孔隙系统和由网状微裂缝、割端理和断层组成的裂隙系统空间[132-133]。真实的煤储层如图 6 – 1(a)所示,抽象的煤储层示意图如图 6 – 1(b)所示。图 6 – 1(c)为抽象煤储层中所选取的代表性体积单元的某一切面,以便更好的对煤储层基质及裂隙系统进行示意,其中基质宽度为 m,裂隙半径为 n。更多的细节可以参考前人的研究成果[134]。

由本书第5章节研究成果可知:工程尺度上的CO_2-ECBM流体连续性过程包含气-水混合物二元流体传输过程、煤体变形过程及煤储层与流体间的热传导、热对流过程,其数学模型的构建基于如下基本假设[106,127,130,135-136]:① 煤储层抽象为由基质系统及裂隙系统组成的双孔隙弹性介质体,且各介质是各向同性的;② CH_4 与 CO_2 同时存在并运移于基质孔隙与裂隙内,且干燥气体遵循理想气体状态方程,溶解气体遵循 Henry 定律;③ 水相只存在于裂隙中并在裂隙内运移,且气体混合物中的水蒸气运移均满足 Kelvin-Laplace 定律;④ 裂隙系统均被二元混合气体及水相所饱和;⑤ 气体的吸附、解吸及扩散行为主要发生在基质系统中,且遵循 Fick 定律;⑥ 气体的渗流主要发生在裂隙系统中,且遵循 Darcy 定律;⑦ 煤体的变形符合小变形假设,气体吸附、解吸及压力变化会使煤储层体积应变发生变化。

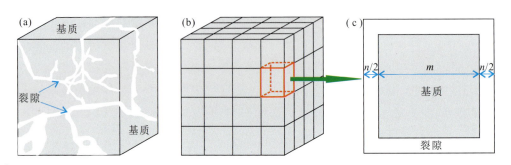

图 6-1 煤储层双孔介质抽象示意图[127,132-133]

(a)真实煤储层;(b)抽象煤储层;(c)煤储层基质及裂隙示意

6.2 温度场-流体场-应力场全耦合模型

6.2.1 (基质内)二元气体运移控制过程

假设二元气体在基质孔隙及裂隙内均满足理想气体状态方程,则气体密度与气体压力间的关系满足如下方程[127-129,136]:

$$\rho_i = \frac{M_i}{RT} P_i \quad (6-1)$$

其中,i 代表气体类型($i=1$ 代表 CH_4;$i=2$ 代表 CO_2);M_i 代表气体类型 i 的摩尔质量,单位为 g/mol;R 为普适气体常数,单位为 J/(mol·K);T 为储层温度,单位为 K;P_i 为气体类型 i 的气体压力,单位为 Pa。

煤基质内 CH_4 与 CO_2 呈自由态与吸附态分布,且单位体积基质中的气体质量满足如下方程[127,130]:

$$m_{mi} = \varphi_m \rho_i + V_{si} \rho_s \rho_{si} \tag{6-2}$$

其中，φ_m 为煤基质内的孔隙度；ρ_i 为气体组分 i 的密度，单位为 kg/m³；ρ_s 为煤体骨架密度，单位为 kg/m³；ρ_{si} 为标况下气体组分 i 的密度，单位为 kg/m³；V_{si} 为气体组分 i 的吸附气体量，单位为 kg/m³，可定义如下[130,135]：

$$V_{si} = \frac{V_{Li} P_{mi}/P_{Li}}{1 + P_{m1}/P_{L1} + P_{m2}/P_{L2}} \exp\left[-\frac{d_1}{1+d_2 P_m}(T - T_r)\right] \tag{6-3}$$

其中，V_{Li} 为气体组分 i 的朗格谬尔体积常数，单位为 m³/kg；P_{mi} 为基质内气体组分 i 的气体压力，单位为 Pa；P_{Li} 为气体组分 i 的朗格谬尔压力常数，单位为 Pa；d_1 为气体吸附的温度系数，单位为 K⁻¹；d_2 为气体吸附的压力系数，单位为 MPa⁻¹；P_m 为基质内的气体压力，单位为 Pa；T_r 为气体吸附测定的参考温度，单位为 K。

初始条件下，CH_4 与 CO_2 处于吸附/解吸的动态平衡状态。CO_2-ECBM 过程中，吸附的 CH_4 气体在浓度梯度的作用下从煤基质不断向裂隙内扩散；注入的 CO_2 从裂隙向基质孔隙内扩散，并吸附于孔隙表面。根据 Fick 定律，可将煤基质中气体的运移质量定义如下[127,137]：

$$Q_i = -\frac{3\pi^2 D_i}{n^2} \frac{M_i}{RT}(P_{mi} - P_{fi}) \tag{6-4}$$

其中，P_{mi} 为煤基质内气体组分 i 的气体压力，单位为 Pa；P_{fi} 为煤裂隙内气体组分 i 的气体压力，单位为 Pa；D_i 为气体组分 i 的扩散系数，单位为 m²/s；n 为裂隙宽度，单位为 m。

由煤基质内的气体质量守恒定律可知[130]：

$$\frac{\partial m_{mi}}{\partial t} = Q_i \tag{6-5}$$

联立式(6-1)至式(6-5)可推导出 CO_2-ECBM 过程中煤基质内的气体运移控制方程，如下所示：

对于 CH_4：

$$\frac{\partial}{\partial t}\left\{\frac{\frac{V_{L1} P_{m1}}{P_{L1}}}{1 + \frac{P_{m1}}{P_{L1}} + \frac{P_{m2}}{P_{L2}}}\exp\left[-\frac{d_1(T-T_r)}{1+d_2 P_m}\right]\rho_s \frac{M_1}{RT_s}P_{s1} + \varphi_m \frac{M_1}{RT}P_{m1}\right\} = -\frac{3\pi^2 D_1}{n^2}\frac{M_1}{RT}(P_{m1} - P_{f1})$$

$$\tag{6-6}$$

对于 CO_2：

$$\frac{\partial}{\partial t}\left\{\frac{\frac{V_{L2} P_{m2}}{P_{L2}}}{1 + \frac{P_{m1}}{P_{L1}} + \frac{P_{m2}}{P_{L2}}}\exp\left[-\frac{d_1(T-T_r)}{1+d_2 P_m}\right]\rho_s \frac{M_2}{RT_s}P_{s2} + \varphi_m \frac{M_2}{RT}P_{m2}\right\} = -\frac{3\pi^2 D_2}{n^2}\frac{M_2}{RT}(P_{m2} - P_{f2})$$

$$\tag{6-7}$$

6.2.2 （裂隙内）二元气体及水相运移方程

煤体裂隙内气相与液相共存，且气-水混合物皆以两相流的形式运移。吸附于煤基质表

面的 CH_4 的脱附为裂隙内 CH_4 的运移提供质量源项；裂隙中 CO_2 运移为基质中 CO_2 的吸附提供质量汇项。因此，气-水混合物在煤储层裂隙内的质量守恒方程可定义如下[130]：

$$\begin{cases} \dfrac{\partial(S_g\varphi_f\rho_{fi})}{\partial t} + \nabla\cdot(\rho_{fi}q_i) + \dfrac{\partial(S_w\varphi_f\rho_{fdi})}{\partial t} + \nabla\cdot(\rho_{fdi}q_w) = \dfrac{3\pi^2 D_i}{n^2}\dfrac{M_i}{RT}(P_{mi} - P_{fi}) \\ \dfrac{\partial(S_w\varphi_f\rho_w)}{\partial t} + \nabla\cdot(\rho_w q_w) + \dfrac{\partial(S_g\varphi_f\rho_{fv})}{\partial t} + \nabla\cdot\left(\rho_{fv}\sum_{i=1}^{2}q_i\right) = 0 \end{cases} \quad (6-8)$$

其中，S_w 为水相饱和度；S_g 为气相饱和度（$S_g = 1 - S_w$）；φ_f 为裂隙孔隙度；ρ_{fi} 为裂隙内气体组分 i 的密度，单位为 kg/m^3；ρ_w 为裂隙内水相密度，单位为 kg/m^3；q_i 为气体组分 i 的渗流速度，单位为 m/s；q_w 为水相的渗流速度，单位为 m/s；ρ_{fdi} 与 ρ_{fv} 分别为溶解气体及水蒸气的密度，可分别定义如下[106,130]：

$$\rho_{fdi} = H_i\rho_{fi} \quad (6-9)$$

$$\rho_{fv} = \rho_{fv0}h = \rho_{fv0}\exp\left(\dfrac{P_{fg} - P_{fw}}{\rho_w R_v T}\right) \quad (6-10)$$

其中，H_i 为气体组分 i 的 Henry 系数；ρ_{fv0} 为饱和水蒸气的密度，单位为 kg/m^3；h 为相对湿度；R_v 为饱和蒸汽潜热，单位为 $J/(K\cdot kg)$。

基于多孔介质中的克林肯伯格效应与广义达西定律，煤储层裂隙内的气体和水的流动速度可分别定义如下[106,130]：

$$\begin{cases} q_i = -\dfrac{kk_{rg}}{\mu_i}\left(1 + \dfrac{B_k}{P_{fi}}\right)\nabla R_{fi} \\ q_w = -\dfrac{kk_{rw}}{\mu_w}\nabla P_{fw} \end{cases} \quad (6-11)$$

其中，k_{rg} 为气相的相对渗透率；k_{rw} 为水相的相对渗透率；k 为煤储层的绝对渗透率，单位为 m^2；μ_i 为气体组分 i 的动力黏度，单位为 $Pa\cdot s$；μ_w 为水相的动力黏度，单位为 $Pa\cdot s$；B_k 为克林肯伯格因子，单位为 Pa。

多孔介质的相对渗透率主要取决于气-水混合物的现有组分和最终残留组分，可分别定义如下[138-139]：

$$\begin{cases} k_{rg} = k_{rg0}\left[1 - \left(\dfrac{S_w - S_{wr}}{1 - S_{wr} - S_{gr}}\right)\right]^2\left[1 - \left(\dfrac{S_w - S_{wr}}{1 - S_{wr}}\right)^2\right] \\ k_{rw} = k_{rw0}\left(\dfrac{S_w - S_{wr}}{1 - S_{wr}}\right)^4 \end{cases} \quad (6-12)$$

其中，k_{rg0} 与 k_{rw0} 分别为气-水在端点处的相对渗透率；S_{gr} 为残余气饱和度；S_{wr} 为残余水饱和度。

联立式（6-8）至式（6-12）可推导出 CO_2-ECBM 过程中煤裂隙内的气-水运移控制方程，如下所示：

对于 CH_4：

$$\frac{\partial(S_g\varphi_f\rho_{f1})}{\partial t} + \nabla\cdot\left[-\frac{\rho_{f1}kk_{rg}}{\mu_1}\left(1+\frac{B_k}{P_{f1}}\right)\nabla P_{f1}\right] + \frac{\partial(S_w\varphi_f H_1\rho_{f1})}{\partial t} + \nabla\cdot\left(-\frac{\rho_{f1}H_1kk_{rw}}{\mu_w}\nabla P_{fw}\right)$$

$$= \frac{3\pi^2 D_1}{n^2}\frac{M_1}{RT}(P_{m1}-P_{f1}) \quad (6-13)$$

对于 CO_2：

$$\frac{\partial(S_g\varphi_f\rho_{f2})}{\partial t} + \nabla\cdot\left[-\frac{\rho_{f2}kk_{rg}}{\mu_2}\left(1+\frac{B_k}{P_{f2}}\right)\nabla P_{f2}\right] + \frac{\partial(S_w\varphi_f H_2\rho_{f2})}{\partial t} + \nabla\cdot\left(-\frac{\rho_{f2}H_2kk_{rw}}{\mu_w}\nabla P_{fw}\right)$$

$$= \frac{3\pi^2 D_2}{n^2}\frac{M_2}{RT}(P_{m2}-P_{f2}) \quad (6-14)$$

对于水相：

$$\frac{\partial(S_w\varphi_f\rho_w)}{\partial t} + \nabla\cdot\left(-\frac{\rho_w kk_{rw}}{\mu_w}\nabla P_{fw}\right) + \frac{\partial\left[S_g\varphi_f\rho_{fv0}\exp\left(\frac{P_{fg}-P_{fw}}{\rho_w RvT}\right)\right]}{\partial t} +$$

$$\nabla\cdot\left[-\rho_{fv0}\exp\left(\frac{P_{fg}-P_{fw}}{\rho_w RvT}\right)\sum_{i=1}^{2}\frac{kk_{rg}}{\mu_i}\left(1+\frac{B_k}{P_{fi}}\right)\nabla P_{fi}\right] = 0 \quad (6-15)$$

6.2.3 煤体变形控制方程

煤体变形是在应力、气体压力、气体吸附与煤体温度等多因素共同作用下形成的[106,127,130]，基于多孔介质弹性理论可推导出含吸附作用的煤的本构方程[134,140-141]：

$$\varepsilon_{ij} = \frac{1}{2G}\sigma_{ij} - \left(\frac{1}{6G}-\frac{1}{9K}\right)\sigma_{kk}\delta_{ij} + \frac{\alpha_m P_m + \alpha_f P_f}{3K}\delta_{ij} + \frac{\varepsilon_s}{3}\delta_{ij} + \frac{\alpha_T \Delta T}{3}\delta_{ij} \quad (6-16)$$

其中，ε_{ij} 为应变张量分量，单位为 m；σ_{ij} 为应力张量分量；δ_{ij} 为 Kronecker 符号；σ_{kk} 为正应力分量；G 为剪切模量 $\{G=D/[2*(1+v)]\}$，单位为 MPa；v 为泊松比；D 为有效弹性模量 $\{D=1/[1/E+1/(m*K_n)]\}$，单位为 Pa；E 为弹性模量，单位为 Pa；m 为裂隙宽度，单位为 m；K_n 为裂隙刚度，单位为 Pa/m；K 为煤的体积模量 $\{K=D/[3*(1-2v)]\}$，单位为 MPa；α_m 为煤基质的 Biot 有效应力系数（$\alpha_m=1-K/K_s$）；K_s 为煤体骨架的体积模量 $\{K_s=E_s/[3*(1-2v)]\}$，单位为 MPa；E_s 为骨架弹性模量，单位为 Pa；α_f 为煤体裂隙的 Biot 有效应力系数（$\alpha_f=1-K/(m*K_n)$）；P_m 为基质内的混合气体压力（$P_m=P_{m1}+P_{m2}$），单位为 Pa；P_f 为裂隙内的气-水混合压力 $[P_f=P_{fw}+(P_{f1}+P_{f2})]$，单位为 Pa；$\alpha_T$ 为热膨胀系数，单位为 K^{-1}；ε_s 为气体吸附/解吸引起基体膨胀/收缩的体积应变。

式（6-17）的平衡方程主要表征煤储层空间的平衡状态；且应变分量与位移分量满足式（6-18）[130,141]。

$$\sigma_{ij,j} + F_i = 0 \quad (6-17)$$

$$\varepsilon_{ij} = \frac{1}{2}(u_{ij}+u_{ji}) \quad (6-18)$$

其中，F_i 为体积力分量；u_{ij} 为位移分量。

基于式(6-16)至式(6-18)可推导出 CO_2-ECBM 过程中表征煤储层应力场的 Navier-Stokes 方程(6-19)：

$$Gu_{i,jj} + \frac{G}{1-2v}u_{j,ji} + F_i = \alpha_m P_{m,i} + \alpha_f P_{f,i} + \alpha_T K T_i + K\varepsilon_{s,i} \quad (6-19)$$

6.2.4 热量守恒控制方程

在 CO_2-ECBM 过程中，储层能量变化主要表现为温度变化引起的内能变化、煤的体积变形产生应变能变化、气体吸附引起的热能变化以及固-流两相之间的热对流和热传导变化[106,127-128,130]。因此，煤储层的热平衡状态方程可定义如下：

$$\frac{\partial[(\rho C_P)_{eff}T]}{\partial t} + \eta_{eff}\nabla T - \nabla \cdot (\lambda_{eff}\nabla T) + K\alpha_T T \frac{\partial \varepsilon_v}{\partial t} + \sum_{i=1}^{2} q_{sti}\frac{\rho_s \rho_{si}}{M_i}\frac{\partial V_{si}}{\partial t} = 0 \quad (6-20)$$

其中，$(\rho C_P)_{eff}$ 为煤的有效比热容，单位为 $J/(m^3 \cdot K)$；η_{eff} 为流体混合物的有效对流系数，单位为 $J/(m^2 \cdot s)$；λ_{eff} 为有效热导率，单位为 $W/(m \cdot K)$；q_{sti} 为气体组分 i 的吸附等容热，单位为 kJ/mol。$(\rho C_P)_{eff}$、η_{eff} 及 λ_{eff} 可分别定义如下：

$$(\rho C_P)_{eff} = (1-\varphi_f-\varphi_m)\rho_s C_s + \sum_{i=1}^{2}(S_g\varphi_f\rho_{fi}+\varphi_m\rho_{mi}+S_w\varphi_f H_i\rho_{fi})C_i$$
$$+ S_w\varphi_f\varphi_w C_w + S_g\varphi_f\rho_{fv0}\exp\left(\frac{P_{fg}-P_{fw}}{\rho_w R_v T}\right)C_v \quad (6-21)$$

$$\eta_{eff} = -\sum_{i=1}^{2}\left[\frac{\rho_{fi}C_i kk_{rg}}{\mu_i}\left(1+\frac{B_k}{P_{fi}}\right)\nabla P_{fi} + \frac{H_i C_i \rho_{fi} kk_{rw}}{\mu_w}\nabla P_{fw}\right] -$$
$$\rho_{fv0}\exp\left(\frac{P_{fg}-P_{fw}}{\rho_w R_v T}\right)\sum_{i=1}^{2}\frac{C_w kk_{rg}}{\mu_i}\left(1+\frac{B_k}{P_{fi}}\right)\nabla P_{fi} + \frac{C_w \rho_w kk_{rw}}{\mu_w}\nabla P_{fw} \quad (6-22)$$

$$\lambda_{eff} = (1-\varphi_f-\varphi_m)\lambda_s + \varphi_m\lambda_{mgm} + \varphi_f(S_g\lambda_{fgm}+S_w\lambda_{fw}) \quad (6-23)$$

其中，C_s、C_i、C_w 及 C_v 分别为煤骨架、基质内混合气体、水及蒸汽的比热容，单位为 $J/(kg \cdot K)$。λ_s、λ_{mgm}、λ_{fgm} 及 λ_{fw} 分别为煤骨架、基质内混合气体、裂隙内混合气体及裂隙内水相的热传导系数，单位为 $W/(m \cdot K)$。

6.2.5 孔隙度与渗透率动态演化方程

根据多孔介质的有效应力原理，煤储层基质系统与裂隙系统的有效应力可分别定义如下[132-133,142]：

$$\sigma_m = \sigma - (\alpha \cdot P_m + \beta \cdot P_f) \quad (6-24)$$

$$\sigma_f = \sigma - \beta \cdot P_f \quad (6-25)$$

其中，σ_m、σ_f 分别为基质与裂隙中的有效应力；σ 为煤储层的平均有效应力；α、β 分别为基质与裂隙的有效应力系数。σ、α、β 分别定义如下[105,132-133]：

$$\sigma = (\sigma_{11} + \sigma_{22} + \sigma_{33})/3 \tag{6-26}$$

$$\alpha = K/K_m \tag{6-27}$$

$$\beta = K/K_f \tag{6-28}$$

在图6-1(c)的代表性体积单元中,定义其单元体长度 s 为[132-133]:

$$s = m + n \tag{6-29}$$

其中,m、n 分别为储层基质宽度、裂隙半径,单位为 m。

在代表性体积单元中,煤储层所受体积应变量可定义如下:

$$\Delta\varepsilon_v = -\frac{m^3}{s^3 K_m}\Delta\sigma_m - \frac{s^3 - m^3}{s^3 K_f}\Delta\sigma_f + \frac{m^3}{s^3}\Delta\varepsilon_s \tag{6-30}$$

将式(6-24)、式(6-25)代入式(6-30)可得:

$$\Delta\varepsilon_v = -\frac{m^3}{s^3 K_m}[\Delta\sigma - (\alpha \cdot \Delta P_m + \beta \cdot \Delta P_f)] - \frac{s^3 - m^3}{s^3 K_f}(\Delta\sigma - \beta \cdot \Delta P_f) + \frac{m^3}{s^3}\Delta\varepsilon_s \tag{6-31}$$

1. 裂隙渗透率动态模型

基于式(6-31),在储层裂隙系统中有效应力的改变量可定义如下:

$$\Delta\sigma_f = \Delta\sigma - \beta \cdot \Delta P_f = \frac{\dfrac{m^3}{s^3}\Delta\varepsilon_s - \Delta\varepsilon_v + \dfrac{m^3 \cdot \alpha}{s^3 K_m}\Delta P_m}{\dfrac{m^3}{s^3 K_m} + \dfrac{s^3 - m^3}{s^3 K_f}} \tag{6-32}$$

基于式(6-32),储层裂隙的变形量可定义如下:

$$\Delta n = -\frac{n_0}{3K_f}(\Delta\sigma - \beta \cdot \Delta P_f) \tag{6-33}$$

基于式(6-32)与式(6-33),裂隙系统中的孔隙度改变量可定义如下:

$$\frac{\varphi_f}{\varphi_{f0}} = 1 + \frac{\Delta n}{n_0} = 1 - \frac{\dfrac{m^3}{s^3}\Delta\varepsilon_s - \Delta\varepsilon_v + \dfrac{m^3 \cdot \alpha}{s^3 K_m}\Delta P_m}{3 \cdot K_f \cdot \left(\dfrac{m^3}{s^3 K_m} + \dfrac{s^3 - m^3}{s^3 K_f}\right)} \tag{6-34}$$

基于储层孔隙度与渗透率间的立方定律[132-133],可定义储层的裂隙渗透率如下:

$$\frac{k_f}{k_{f0}} = \left(\frac{\varphi_f}{\varphi_{f0}}\right)^3 = \left[1 - \frac{\dfrac{m^3}{s^3}\Delta\varepsilon_s - \Delta\varepsilon_v + \dfrac{m^3 \cdot \alpha}{s^3 K_m}\Delta P_m}{3 \cdot K_f \cdot \left(\dfrac{m^3}{s^3 K_m} + \dfrac{s^3 - m^3}{s^3 K_f}\right)}\right]^3 \tag{6-35}$$

2. 基质渗透率动态模型

基于式(6-31),储层基质系统中有效应力的改变量可定义如下:

$$\Delta\sigma_m = \Delta\sigma - (\alpha \cdot \Delta P_m + \beta \cdot \Delta P_f) = \frac{\dfrac{m^3}{s^3}\Delta\varepsilon_s - \Delta\varepsilon_v + \dfrac{m^3 \cdot \alpha}{s^3 K_m}\Delta P_m}{\dfrac{m^3}{s^3 K_m} + \dfrac{s^3 - m^3}{s^3 K_f}} - \alpha \cdot \Delta P_m \tag{6-36}$$

考虑到基质中气体吸附、解吸所引起的基质体积应变的改变量,则基质系统中总的体积应变量可定义如下:

$$\varepsilon_{v-m} = -\frac{\Delta\sigma - (\alpha \cdot \Delta P_m + \beta \cdot \Delta P_f)}{K_m} + \Delta\varepsilon_s \tag{6-37}$$

将式(6-36)代入式(6-37)可得:

$$\varepsilon_{v-m} = -\frac{1}{K_m}\left(\frac{\frac{m^3}{s^3}\Delta\varepsilon_s - \Delta\varepsilon_v + \frac{m^3 \cdot \alpha}{s^3 K_m}\Delta P_m}{\frac{m^3}{s^3 K_m} + \frac{s^3 - m^3}{s^3 K_f}} - \alpha \cdot \Delta P_m\right) + \Delta\varepsilon_s \tag{6-38}$$

在煤储层基质中,基质内孔隙的体积随着基质体积的变化而变化,且孔隙与基质具有相同的体积应变变化率[143-144],因此,基质内孔隙的体积应变量可定义如下:

$$\varepsilon_{v-m-p} = -\frac{1}{K_{m-p}}\left(\frac{\frac{m^3}{s^3}\Delta\varepsilon_s - \Delta\varepsilon_v + \frac{m^3 \cdot \alpha}{s^3 K_m}\Delta P_m}{\frac{m^3}{s^3 K_m} + \frac{s^3 - m^3}{s^3 K_f}} - \alpha \cdot \Delta P_m\right) + \Delta\varepsilon_s \tag{6-39}$$

其中,K_{m-p}为基质系统中孔隙的体积模量,单位为 Pa,可定义如下[132-133]:

$$K_{m-p} = \frac{K_m \varphi_m}{\alpha} = \frac{K_m}{\alpha}\frac{V_{m-p}}{V_m} \tag{6-40}$$

其中,φ_m为基质孔隙度;V_m为基质体积,单位为 m^3;V_{m-p}为基质中的孔隙体积,单位为 m^3。

基于式(6-36)至式(6-40),基质孔隙度的改变量可定义如下:

$$\frac{\varphi_m}{\varphi_{m0}} = 1 + \frac{\varphi_{m0} - \alpha}{K_m \varphi_{m0}}\left(\frac{\frac{m^3}{s^3}\Delta\varepsilon_s - \Delta\varepsilon_v + \frac{m^3 \cdot \alpha}{s^3 K_m}\Delta P_m}{\frac{m^3}{s^3 K_m} + \frac{s^3 - m^3}{s^3 K_f}} - \alpha \cdot \Delta P_m\right) \tag{6-41}$$

同理,基质渗透率可定义如下:

$$\frac{k_m}{k_{m0}} = \left(\frac{\varphi_m}{\varphi_{m0}}\right)^3 = \left[1 + \frac{\varphi_{m0} - \alpha}{K_m \varphi_{m0}}\left(\frac{\frac{m^3}{s^3}\Delta\varepsilon_s - \Delta\varepsilon_v + \frac{m^3 \cdot \alpha}{s^3 K_m}\Delta P_m}{\frac{m^3}{s^3 K_m} + \frac{s^3 - m^3}{s^3 K_f}} - \alpha \cdot \Delta P_m\right)\right]^3 \tag{6-42}$$

综上所述,式(6-6)、式(6-7)、式(6-13)、式(6-14)、式(6-15)、式(6-19)及式(6-20)组成了 CO_2-ECBM 过程中温度场(T)、渗流场(H)及应力场(M)的全耦合控制方程。

6.3 温度场-流体场-应力场交叉耦合模型

应力场方程含有效应力项、气体压力项、温度项及吸附项,即有效应力、压力、温度的改变及气体的竞争吸附引起储层的变形;渗流场方程含体积应变和气体压力、温度共同表述的孔隙度和渗透率方程,即气体流动受到煤岩变形影响;有效应力、气体压力以及吸附应力变化所导致的煤储层、孔隙体积改变使煤储层及气体内能发生变化,从而引起温度场的变化,模型自身完全耦合(图6-2)。

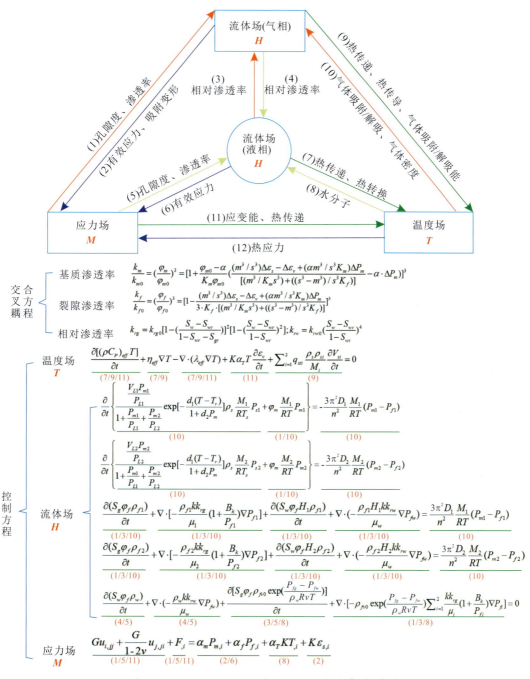

图6-2 CO_2-ECBM过程THM场全耦合关系

基于图6-2,CO_2-ECBM过程THM场的全耦合关系为:① 储层受应力变化的影响引起储层孔隙度、渗透率的影响,继而改变储层流体场等变化;② 储层流体场的变化引起储层有效应力及吸附变形的影响,继而改变储层应力场的变化;③ 流体场的气相与液相之间可通过相对渗透率产生影响;④ 储层流体场的变化引起储层热传递、热转换,继而引起储层温度场的变化;⑤ 储层温度场的变化引起储层水分子的变化,继而引起储层流体场的变化;⑥ 储层流体场的变化引起储层热传递、热传导及气体吸附/解吸能,继而引起储层温度场的变化;⑦ 储层温度场的变化引起气体吸附/解吸及气体浓度的变化,继而引起储层流体场的变化;⑧ 储层应力场的变化引起储层热传递及应变能的变化,继而引起储层温度场的变化;⑨ 储层温度场的变化引起储层热应力的变化,继而引起储层应力场的变化。

6.4 耦合模型验证

在同一研究领域内,基于学者所发表成果的数值参数及方案[130],选取某一代表性参数可验证本书所推导全耦合数学模型[式(6-6)、式(6-7)、式(6-13)、式(6-14)、式(6-15)、式(6-19)及式(6-20)]的准确性!本书中验证的数学模型为公式(6-6)、式(6-7)、式(6-13)、式(6-14)、式(6-15)、式(6-19)及式(6-20),仿真参数、方案及边界条件均来源于前人发表的成果[130],所分析的代表性参数为不同CO_2注入压力下的CH_4产出率。模拟周期为4000天。

由图6-3可知,本书的模拟结果与前人所发表的成果具有较好的吻合性。造成较小差异的原因在于本书数值模型考虑了水相效应。虽然模拟结果具有较小的差异,但二者间模拟结果的一致性可以很好地验证本次数值模型的合理性。

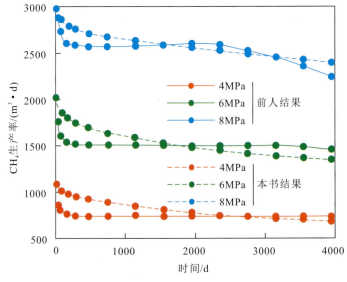

图6-3 数值模型验证[130]

6.5 地质模型及生产数值模拟方案

6.5.1 地质模型

本次研究以沁水盆地柿庄区块的 5 井式 CO_2-ECBM 试验工程为核心研究对象,其中 IW 为注气井,PW 为生产井[图 6-4(a)][145]。本次研究采用中心井注 CO_2 气体,周缘 4 井产 CH_4 气体模式,即 4 口 CH_4 生产井围绕 CO_2 注气井周围约 250m 范围内进行 CO_2-ECBM 工程试验。鉴于计算机运行速度和内存大小考虑,基于对称性选取 CO_2-ECBM 工程试验平面布置图右下角的 1/4 区域进行 CO_2-ECBM 数值分析[3]。CO_2-ECBM 数值模拟区域即为图 6-4(a)中阴影区域,实际模拟分析尺寸约为 200m×200m×5m[图 6-4(b)]。

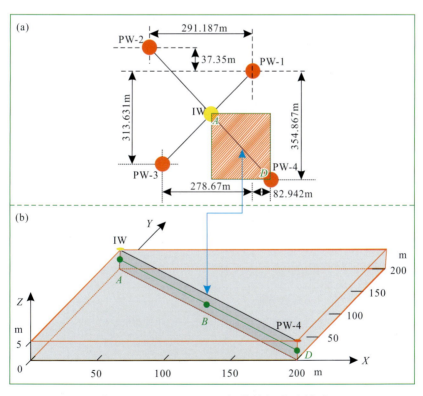

图 6-4 CO_2-ECBM 数值模拟地质模型

(a)五井式 CO_2 存储及驱气工程平面布置图[127,145];(b)CO_2-ECBM 数值模拟三维地质模型

由 CO_2-ECBM 数值模拟三维地质模型可知:注入井 IW 位于数值模型左上角,产出井 PW-4 位于数值模型右下角,孔径皆为 0.1m。选取对角线 AD 及观察点 B 以便于观察 CO_2-ECBM 的模拟效果,其中,A、B 和 D 点的三维坐标分别为(0,200,2.5)、(100,100,2.5)和(200,0,2.5)。模拟注气时间为 3650 天(约 10 年)。

6.5.2 模拟参数

基于沁水盆地柿庄区块 3 号煤层煤样的室内实验数据及相关文献的调研数据[3,111,127-128,130],可获得本次 CO_2-ECBM 数值分析所需的核心参数,具体数值见表 6-1。

表 6-1 CO_2-ECBM 数值模拟核心参数

变量	参数	值	单位
V_{L1}	CH_4 朗格谬尔体积常数	0.025 6	m^3/kg
V_{L2}	CO_2 朗格谬尔体积常数	0.047 7	m^3/kg
P_{L1}	CH_4 朗格谬尔压力常数	2.07	MPa
P_{L2}	CO_2 朗格谬尔压力常数	1.38	MPa
R	普适气体常数	8.314	$J/(K \cdot mol)$
T_0	煤储层初始温度	313.15	K
P_0	煤储层初始压力	10	MPa
ε_{L1}	CH_4 朗格谬尔体积应变常数	0.006	—
ε_{L2}	CO_2 朗格谬尔体积应变常数	0.023 7	—
φ_0	煤储层初始孔隙度	0.042 3	—
k_0	煤储层初始渗透率	5.14×10^{-16}	m^2
E	煤储层杨氏模量	2710	MPa
E_s	煤层估计杨氏模量	8134	MPa
υ	泊松比	0.345	—
α_s	热膨胀系数	2.4×10^{-5}	K^{-1}
D_1	CH_4 动力弥散系数	3.6×10^{-12}	m^2/s
D_2	CO_2 动力弥散系数	5.8×10^{-12}	m^2/s
ρ_c	煤储层密度	1.25×10^3	kg/m^3
ρ_s	煤储层骨架密度	1.47×10^3	kg/m^3
ρ_{g1}	标准状况下 CH_4 密度	0.717	kg/m^3
ρ_{g2}	标准状况下 CO_2 密度	1.977	kg/m^3

续表 6-1

变量	参数	值	单位
Cg_1	CH_4 比热容	2227	J/(K·kg)
Cg_2	CO_2 比热容	1250	J/(K·kg)
C_s	煤层骨架比热容	1255	J/(kg·K)
μ_1	CH_4 动力黏度系数	1.03×10^{-5}	Pa·s
μ_2	CO_2 动力黏度系数	1.38×10^{-5}	Pa·s

6.5.3 模拟方案

数值模拟方案见表6-2：方案A主要探讨注CO_2气体开采对煤层气生产的影响，其中注CO_2气体开采时注气井底压力为15.0MPa；方案B主要探讨注气压力对CO_2-ECBM的影响，其中生产井温度为343.15K；方案C主要探讨生产井温度对CO_2-ECBM的影响，其中注气压力为15.0MPa。

表6-2 数值模拟具体方案

方案	模型	耦合方式	影响因素
A	模型1：CBM 模型2：CO_2-ECBM	应力场-流体场	注CO_2对CBM开采的影响
B	模型3：注气压力12.0MPa 模型4：注气压力14.0MPa 模型5：注气压力16.0MPa 模型6：注气压力18.0MPa	应力场-流体场-温度场	注CO_2压力对CO_2-ECBM的影响
C	模型7：生产井温度318.15K 模型8：生产井温度328.15K 模型9：生产井温度338.15K 模型10：生产井温度348.15K	应力场-流体场-温度场	生产井温度对CO_2-ECBM的影响

6.5.4 求解条件

渗流场：煤层初始地层压力为10.0MP；依据模拟方案，注气井边界条件为恒压边界条件，且注气压力分别为12.0MPa、14.0MPa、16.0MPa、18.0MPa；生产井与大气相连，压力设置为 0.1MPa；其他边界均设置为零流量边界条件。

应力场：数值模型的左边界、前边界和下边界是对称位移边界，右边界、后边界及上边界为应力边界。

温度场：模型上边界、下边界、前边界、后边界、左边界及右边界均为热绝缘边界；CO_2 气体注入井和 CH_4 生产井均设置为温度边界条件；CO_2 气体注入井温度等同于储层初始温度；依据数值分析方案可改变 CH_4 生产井温度，按模拟方案温度分别设置为 318.15K、328.15K、338.15K、348.15K。

6.6 数值模拟结果及分析

6.6.1 直接开采与 CO_2-ECBM 开采对比研究

为探讨直接开采与注 CO_2 开采对煤层气产出的影响，在对比研究中，注 CO_2 压力设置为 15.0MPa，其他条件与直接开采时保持一致。

1. 储层压力变化

图 6-5 为储层压力在直接开采与注气开采条件下的分布云图。直接开采时，储层气体压力随时间逐渐变小[图 6-5(a)]；注 CO_2 气体开采时，储层压力随时间逐渐增大[图 6-5(b)]。同一生产时间下，注 CO_2 气体开采对储层压力的改善较为明显。基于图 6-5，在注 CO_2 气体 3650 天（约 10 年）后，煤储层内气体压力趋于一致且稳定，表明此时注入且储存的 CO_2 气体已达饱和状态，CO_2 地质储存试验可宣告结束。

图 6-6 为不同生产时间，储层压力沿模型对角线 AD 的分布曲线。直接开采时，尽管储层压力随着生产时间的增大而逐渐减少，但减少幅度逐渐趋缓[图 6-6(a)]。当生产时间为 50d 时，生产井附近储层压力约为 4.0MPa，为储层初始压力的 40%，距离生产井 80m 处的储层压力减少为 5.2MPa，最大压差为 6.0MPa。以储层初始压力为参考，生产 50d、150d、1500d 及 3650d 时，注入井附近储层压力分别减小 35%、62%、92% 及 95%。注 CO_2 气体开采时，自注入井至储层中部再至开采井，储层压力逐渐减小，且距离注气井越远储层压力越小[图 6-6(b)]。储层内压力随着生产时间逐渐增大，但在一定时间后，储层压力会趋于稳定[图 6-6(b)]。生产 50、150、1500 及 3650d 时，煤层压力稳定在 11.0MPa、12.0MPa、14.0MPa 及 17.0MPa，且在 3650 天时，注入井附近与生产井附近的最大压差分别为 7.5MPa、6.0MPa、4.0MPa 及 2.0MPa。

图 6-7 为参考点 B 中储层压力随时间的变化曲线。直接开采时，B 点储层压力随着时间的增大而逐渐减小，减小速度先急后缓。在压力梯度作用下，由于初始储层压力高于生产

工程尺度CO_2-ECBM流体连续性过程数值模拟——以柿庄区块为例 第6章

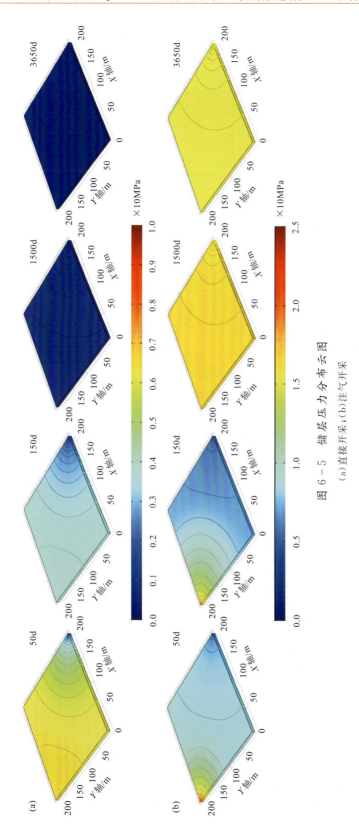

图6-5 储层压力分布云图
(a)直接开采；(b)注气开采

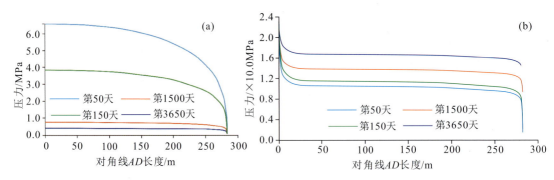

图 6-6　储层压力沿模型对角线 AD 的分布曲线

(a)直接开采；(b)注气开采

井附近压力,煤层气开始并逐渐向生产井运移,继而煤储层压力逐渐降低,最终将等同于煤层气生产井边界压力,此时煤层气不再定向移动,煤层气生产过程终止。当注 CO_2 气体开采时,B 点煤储层压力随时间先略微减小再增大,压力增大速率前期较快,后期较为平稳。CO_2 注气井附近,储层内压力基于 CO_2 气体注入而不断增大。储层压力随注入 CO_2 气体所波及的区域增大而逐渐增大,继而必将对 B 点储层压力产生影响,并使其逐渐增大;但随着注 CO_2 气体过程进行,储层与注入井间的压差会逐渐变小,增加的气体压力会抑制 CO_2 气体的注入速率,使储层压力的增加趋缓。

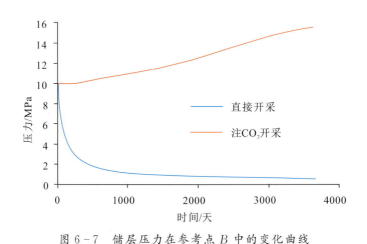

图 6-7　储层压力在参考点 B 中的变化曲线

2.储层 CH_4 气体浓度变化

图 6-8 为煤储层中 CH_4 气体浓度在直接开采与注气开采条件下的分布云图。CH_4 气体浓度首先在生产井附近区域发生变化,并不断向储层内部波及以使 CH_4 气体浓度进一步降低。基于生产井与储层内部间的压差效应,CH_4 气体逐渐由储层内部向生产井附近运移。

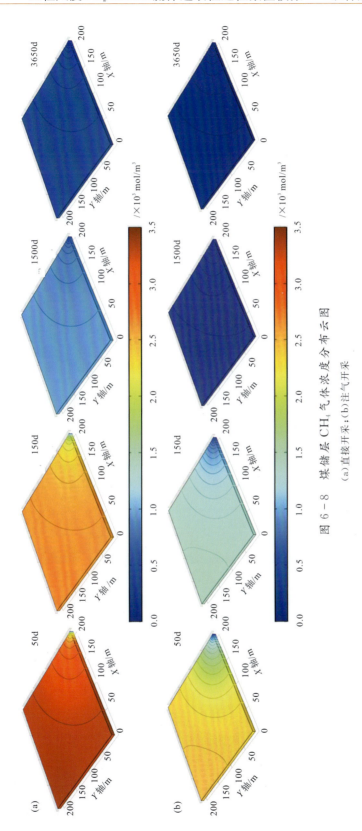

图 6-8 煤储层 CH_4 气体浓度分布云图

(a) 直接开采;(b) 注气开采

煤储层压差距离生产井越近而越大,继而引起气体运移速度加快,因此,生产井附近气体浓度较低。

直接开采煤层气时,鉴于煤储层内部与生产井附近间相对较低的压差,煤储层内煤层气运移速度整体偏低,CH_4 气体浓度变化较缓[图6-8(a)]。注 CO_2 气体开采时,由于 CO_2 气体注入,注气井至煤层内部再到生产井,压差较直接开采煤层气大[图6-7(b)],因此,同一时间内,注 CO_2 气体开采较直接开采煤层气的 CH_4 浓度变化较大,浓度降低较快[图6-8(b)]。由于生产井附近不断卸压,生产井附近压差相对较大,CH_4 气体逐渐向生产井移动,CH_4 气体浓度逐渐降低;伴随 CO_2 气体的注入,生产井附近 CH_4 气体浓度也会因 CO_2 气体驱替效应而导致更大程度地降低。

3. 储层渗透率变化

图6-9为煤层气直接开采及注 CO_2 气体开采条件下,沿模型对角线 AD 方向上,储层渗透率随时间的变化曲线分布。

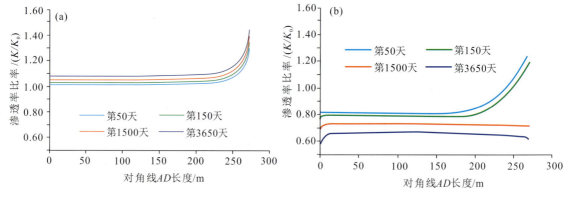

图6-9 煤层渗透率沿模型对角线 AD 变化曲线
(a)直接开采;(b)注气开采

当直接开采生产50d及3650d时,生产井附近渗透率约为初始渗透率的1.3倍及1.5倍,表明储层渗透率随着开采时间的增加而逐渐增大,且随着距离生产井越近而越大[图6-9(a)]。当注 CO_2 气体开采生产50d及150d时,注气井附近渗透率分别约为初始渗透率的82%及78%,而生产井渗透率分别约为初始渗透率的1.3倍及1.25倍;当生产3650d时,煤层中各点渗透率均减小约为初始渗透率的70%。表明储层渗透率在注气井附近随时间增加呈逐渐下降趋势,在生产井附近呈先上升后下降趋势[图6-9(b)]。考虑到 CO_2 气体注入井中,煤储层因 CO_2 与 CH_4 的竞争吸附而产生膨胀变形,继而引起渗透率在注气井附近逐渐下降;考虑到 CH_4 生产井中,当 CH_4 生产前50d,注入的 CO_2 气体未运移至 CH_4 生产井附近,影响生产井周缘渗透率的主导因素为压差,因此渗透率有所增大;生产1500d开始时,注入的 CO_2 已经运移并影响至 CH_4 生产井附近,CO_2 和 CH_4 竞争吸附将促使煤体进一步膨胀,且吸附膨胀作用会逐渐取代压差对渗透率的影响,从而使渗透率下降。

4.生产井 CH_4 产量变化

图 6-10 为直接开采及注 CO_2 气体开采条件下 CH_4 的累计产出量随时间的变化。可以看出:注 CO_2 气体开采对 CH_4 的累计产量影响较大。在模拟的整个生产周期中,直接开采时,CH_4 的累计产量约为 $4.0×10^6 m^3$,注 CO_2 气体开采时,CH_4 的累计产量约为 $15.0×10^6 m^3$。注 CO_2 气体开采的 CH_4 累计产量约为直接开采的 3.75 倍。

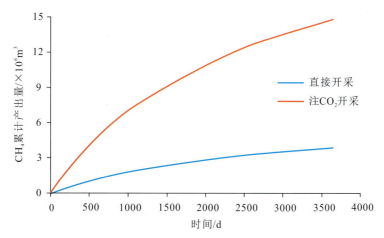

图 6-10　直接开采及注 CO_2 气体开采条件下 CH_4 累计产出量变化

6.6.2　注气压力对 CO_2-ECBM 的影响

1.储层气体组分浓度变化

图 6-11 表示注气压力为 14.0MPa 及 16.0MPa 时 CH_4 及 CO_2 的浓度分布。

同一时间下,注气压力越大,CH_4 被驱替出煤层范围越广;CO_2 从煤储层裂隙内扩散至孔隙中速度越快,孔隙内 CH_4 被驱替得越彻底。表明 CO_2 驱替 CH_4 的压力越大,CH_4 在相同时间内脱离原有位置、离开煤储层的时间就越短,进而可在较短时间内提高 CH_4 产量;同一生产时间,注气压力越大,CO_2 运移范围也越大,且运移范围的增加量随时间逐渐加大;注气压力越大,对应的储层压力梯度就越大,相应渗流速度也越大,表明增加注入压力能够在煤体中存储更多的 CO_2。

图 6-12 为生产 1500d 时,CH_4 与 CO_2 的浓度沿模型对角线的分布情况。自注入井至生产井,CH_4 及 CO_2 浓度均呈下降趋势;CH_4 及 CO_2 浓度的最大改变区域分别在生产井与注入井附近。同一时间,注气压力越大,CH_4 浓度成比例减少,CO_2 浓度成比例增大。当注气压力

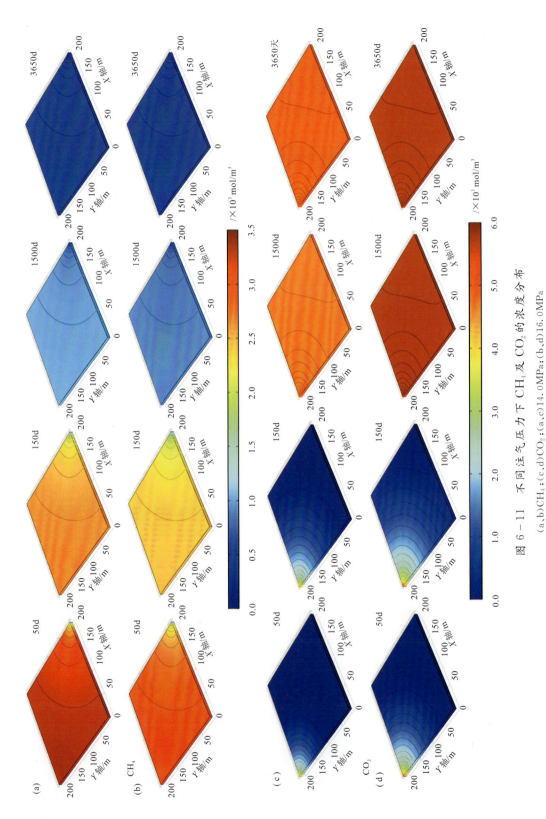

图6-11 不同注气压力下 CH_4 及 CO_2 的浓度分布
(a,b)CH_4；(c,d)CO_2；(a,c)14.0MPa；(b,d)16.0MPa

由 12.0MPa 增大至 14.0MPa 时,储层 CH_4 浓度由 1 110.479 2mol/m³ 减少为 885.682 7mol/m³; CO_2 浓度由 3 700.352mol/m³ 增加至 4 800.213mol/m³;注气压力增大至 18.0MPa 时,储层 CH_4 浓度减少为 610.682 7mol/m³; CO_2 浓度增加至 6 532.213mol/m³。表明增大注气压力可以提高注 CO_2 及驱替 CH_4 的效率。

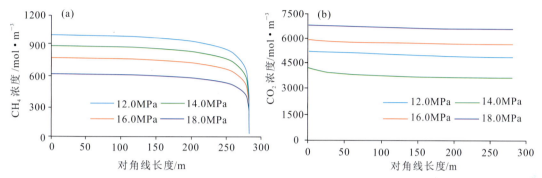

图 6-12 不同注气压力下气体浓度沿模型对角线的分布(t=1500 天)
(a)CH_4;(b)CO_2

图 6-13 为不同注气压力条件下气体浓度在 B 点随时间变化情况。不同注气压力下, CH_4 浓度均随时间增大而减小;同一时间内,注气压力越大,煤层 CH_4 浓度越低[图 6-13(a)]。在生产第 3650 天,当注气压力分别为 12.0MPa、14.0MPa、16.0MPa、18.0MPa 时, B 点的 CH_4 浓度减少量分别为 81.58%、82.89%、85.53%、89.47%,表明 CH_4 浓度的减少量随着注气压力的增大而增大。 CO_2 浓度随着注气时间和注气压力的增大而增大,且注气压力越大, CO_2 浓度达到饱和浓度的时间越短[图 6-13(b)]。在生产第 3650 天,当注气压力为 12.0MPa、14.0MPa、16.0MPa、18.0MPa 时, B 点的 CO_2 浓度分别为 4 200.67mol/m³、4 800.3mol/m³、5 600.6mol/m³、6 700.6mol/m³;以注气压力 12.0MPa 为参考,注气压力为 14.0MPa、16.0MPa、18.0MPa 时, CO_2 浓度分别增加 14.29%、33.33%、59.52%,表明 CO_2 浓度的增加量随着注气压力的增大而增大。

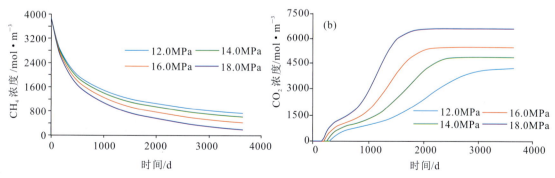

图 6-13 不同注气压力条件下气体于 B 点的浓度分布
(a)CH_4;(b)CO_2

2.储层压力变化

图 6-14 表示注气压力为 14.0MPa 及 16.0MPa 时储层压力的分布。在 CO_2-ECBM 过程中,储层压力均随着开采时间的增加而持续增加。同一时间内,增加注气压力可使煤储层压力变化更明显,在注 CO_2 早期阶段更为显著。储层压力因增加注 CO_2 压力而在短时间内逐渐增加,因此,可提高煤储层内的气体能量,使其更易产出 CH_4 气体。CO_2-ECBM 过程中,当 CO_2 未波及生产井时,注气井与生产井之间的压差随着时间的增大而增大,压差是 CO_2 与 CH_4 在煤储层内扩散及渗流的核心驱动力;CO_2 气体注入煤储层后,煤储层内压差随着储层压力增大而增大,继而引起 CH_4 气体更快地扩散、渗流至生产井,这是注 CO_2 提高 CH_4 产出量的核心原因;当 CO_2 波及生产井后,压力差随着生产时间的增加而逐渐减小,主要原因在于此时储层压力整体较高,且趋于稳定。

3.储层渗透率变化

图 6-15 为生产 500d 时,不同注气压力条件下,储层渗透率沿模型对角线 AD 的演化规律。

注气井附近渗透率低于初始渗透率,生产井附近渗透率高于初始渗透率;生产井附近渗透率远高于注入井附近渗透率,且同一生产时间下渗透率随着注气压力增大而降低(图 6-15)。煤储层压力基于 CO_2 注入而逐渐增大,储层吸附量会进一步增加,因此孔隙度会降低,继而会降低渗透率。就生产井附近而言,渗透率比初始渗透率会有所增加,原因在于当注入 CO_2 未波及生产井时,生产井附近储层压力主要受卸压效应的影响,煤储层压力的下降会引起煤储层吸附量的下降,继而减少煤储层吸附变形,增大的孔隙度会提高渗透率,因此渗透率会高于初始渗透率。就注入井而言,CO_2 注入后,CO_2 与 CH_4 的竞争吸附会导致煤体膨胀变形,孔隙度减小使渗透率低于初始渗透率。

4.生产井 CH_4 产出量及煤层 CO_2 储存量的变化

图 6-16 为不同注气压力条件下,模拟时间尺度范围内储层中 CH_4 累计产出量及 CO_2 累计储存量随时间的变化分布。CH_4 累计产出量与 CO_2 累计储存量均随注 CO_2 时间和压力的增加而增加,在注气压力为 12.0MPa、14.0MPa、16.0MPa、18.0MPa 时,CH_4 产出量分别为 $0.82×10^7 m^3$、$1.208×10^7 m^3$、$1.704×10^7 m^3$、$2.401×10^7 m^3$[图 6-16(a)],CO_2 储存量分别为 $0.6×10^7 m^3$、$1.0×10^7 m^3$、$2.6×10^7 m^3$、$4.35×10^7 m^3$[图 6-16(b)],以注气压力 12.0MPa 为参考,14.0MPa、16.0MPa、18.0MPa 时的 CH_4 产出量较 12.0MPa 增长 47.32%、107.80%、192.80%,CO_2 储存量较 12.0MPa 增长 66.67%、333.33%、625%。因此,提高注气压力不仅可以提高生产效率,从而提高 CH_4 的同期产量,而且可以提高 CO_2 地质封存速率及总量。

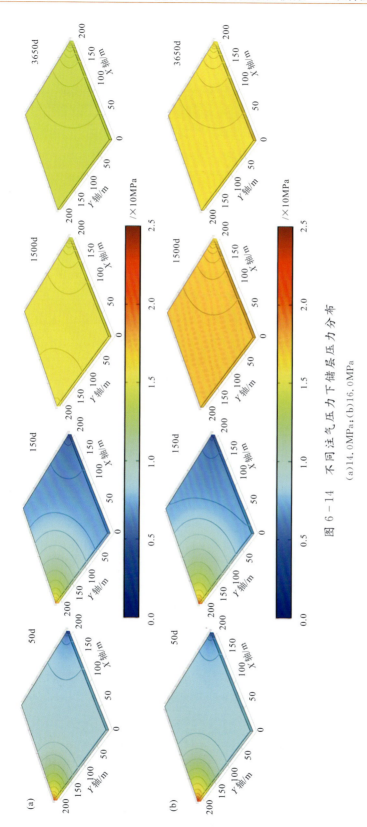

图6-14 不同注气压力下储层压力分布

(a)14.0MPa；(b)16.0MPa

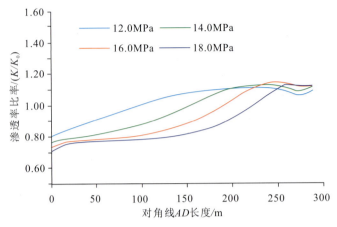

图 6-15 不同注气压力下储层渗透率沿模型对角线 AD 的演化分布(t=1500d)

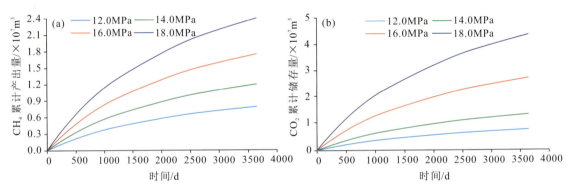

图 6-16 不同注气压力条件下储层 CH_4 产出量及 CO_2 储存量分布
(a)CH_4 累计产出量;(b)CO_2 累计储存量

6.6.3 开采井温度对 CO_2 - ECBM 的影响

由于在煤层气开采过程中,储层初始温度一定,因此本节主要探讨通过改变生产井温度来研究温度对于 CO_2 - ECBM 的影响,其他条件及参数均保持一致。

1.储层温度分布规律

图 6-17 为生产井温度在 328.15K 及 348.15K 条件下,不同生产时间内储层温度分布。同一开采温度条件下,温度影响范围因热传导过程的进行而逐渐增大;同一生产时间,生产井温度越高,储层升温范围越大,且温度主要影响生产井附近,远离生产井处煤层温度几乎

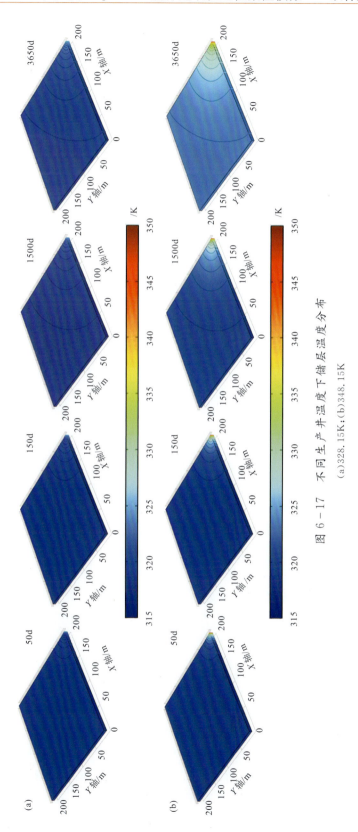

图6-17 不同生产井温度下储层温度分布

(a) 328.15K；(b) 348.15K

不变;煤储层对流传热因储层中较低的气体运移速度不明显,同时储层固体传热差距因储层较低的导热系数而改变不大。因此,不同生产井温度条件下,储层温度变化不明显。

图6-18为不同生产井温度下储层温度沿模型对角线及参考点的分布。鉴于生产井附近与储层内部间的温度差异,储层内温度由于热传导作用而逐渐上升。距离生产井越远,且注热时间越长,则煤储层内温度越高[图6-18(a)]。随着时间增加,观测点B温度升高,近似呈线性关系;当生产3650天时,B点温度分别为315.2173K和319.3628K,与热源温度相差甚远[图6-18(b)],再次说明流体对流传热不明显、储层固体传热差距较小。

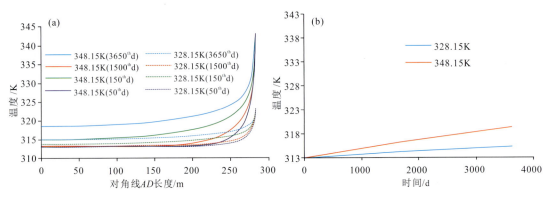

图6-18 不同生产井温度下储层温度分布
(a)沿模型对角线AD分布;(b)参考点B的分布

2. 储层压力变化

图6-19为生产井温度在328.15K及348.15K条件下储层气体压力分布。储层气体压力随时间增加而增大,且煤储层气体压力随距离CO_2注气井越近表现越大。同一生产时间内,孔隙压力随生产井温度越高而越大,但不同温度间的压力差异较小。鉴于煤储层温度逐渐升高,CO_2吸附量会随着CH_4吸附量降低而降低,继而提高游离态CO_2含量,进一步增加煤储层压力。

图6-20(a)为生产时间500天时,生产井温度为328.15K及348.15K时气体压力沿模型对角线AD的分布。煤储层压力沿着对角线方向逐渐降低,因此,煤储层压力随着距离注气井越近表现越大。煤储层气体压力随着生产井温度越高而越大,但压力增幅很小。生产第500天时,被注入的CO_2气体已扩散、运移至生产井周缘,煤储层温度的升高在降低煤储层内CH_4吸附量的同时,会降低煤储层对CO_2气体的吸附量;降低CO_2气体吸附量会增加游离态CO_2的含量,继而增加煤储层压力及CO_2的运移速度。

图6-20(b)为不同生产时间下,生产井温度为328.15K时气体压力沿模型对角线AD的分布。初始气体压力各处相同,均为10.0MPa,当生产100天时,注气井压力增加至20.0MPa,距注气井120m处孔隙压力保持初始压力直至离注气井180m;离注气井180m以外,由于受生产井影响孔隙压力会下降至约6.0MPa。当生产400天时,气体注入引起压力

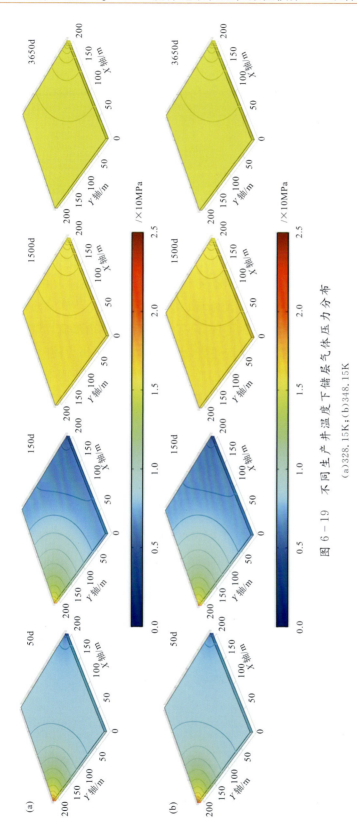

图6-19 不同生产井温度下储层气体压力分布

(a) 328.15K; (b) 348.15K

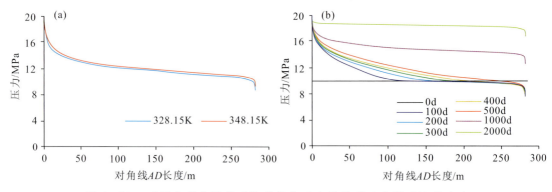

图 6-20　不同生产井温度下储层气体压力沿模型对角线 AD 的分布

增加范围扩大至距注气井 150m，距注气井 150m 处孔隙压力保持初始压力直至离注气井 220m，220m 之外孔隙压力分布规律与生产 100 天类似。生产初期，当注入 CO_2 未波及至生产井时，生产井附近气体压力随时间增加逐渐降低（图 6-20(b)：0~400d 时），主要原因在于煤储层内温度的升高，能够促进被解吸的 CH_4 向基质孔隙、裂隙内渗流，继而可降低煤储层内气体的压力。当注入 CO_2 气体波及生产井后，生产井附近气体压力随时间增加逐渐增大（图 6-20(b)：1000~2000d 时），主要原因在于煤储层温度的升高在降低煤储层内 CH_4 吸附量的同时，会降低煤储层对 CO_2 的吸附量；降低 CO_2 吸附量会增加游离态 CO_2 的含量，继而增加煤储层的压力。

图 6-21 为生产井温度为 328.15K 及 348.15K 时孔隙压力沿 B 点分布。以开采 150 天为界，B 点压力在 150 天之前降低，150 天之后逐渐增加。由于 B 点位于模型中央，开采初期注入的 CO_2 未波及至 B 点，B 点储层压力由于 CH_4 的卸压开采而降低；煤储层内 CO_2 影响范围随着 CO_2 持续注入煤储层内而逐渐扩大；煤储层内，CO_2 气体在 150 天后已运至 B 点附近，则 B 点储层压力会迅速提高。对比不同温度下的压力分布均表明：储层温度升高，孔隙压力逐渐增加。

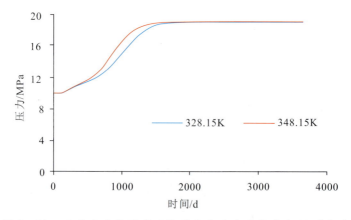

图 6-21　不同生产井温度下储层气体压力沿参考点 B 的分布

3. 储层气体浓度变化

图 6-22 为生产井温度在 328.15K 及 348.15K 条件下的储层 CH_4 浓度分布。同一时间,生产井温度主要影响其附近 CH_4 浓度,CH_4 浓度随温度升高而降低。但 CH_4 因储层温度升高而被解吸,因此,提高的 CH_4 产出速率会降低储层内 CH_4 浓度;且 CH_4 的解吸能增加储层压力梯度,从而加速 CH_4 的运移以进一步降低 CH_4 浓度。

图 6-23 为生产井温度在 328.15K 及 348.15K 条件下的储层 CO_2 浓度分布。同一时间,随着生产井温度提高,CO_2 浓度有所增加,但 CO_2 浓度受生产井温度影响较小。储层温度对 CO_2 的吸附、解吸意义重大;吸附态 CO_2 因储层温度升高而解吸为游离态,继而会增加 CO_2 浓度。

4. 储层渗透率变化

图 6-24 为生产第 1800 天时,储层渗透率在不同生产井温度条件下沿对角线 AD 的分布。生产井温度主要影响距生产井 100m 范围内的储层渗透率,在此范围内,渗透率随着温度升高而逐渐降低。同样,温度升高会导致储层 CH_4 解吸而减小吸附膨胀,从而提高渗透率,且温度越高,CH_4 解吸量越大,渗透率越高。

5. 温度对 CH_4 产出量及 CO_2 储存量的影响

当生产井温度为 318.15K、328.15K、338.15K 与 348.15K 时,CH_4 累计产出量分别为 $1.41×10^7 m^3$、$1.45×10^7 m^3$、$1.50×10^7 m^3$ 和 $1.58×10^7 m^3$[图 6-25(a)],CO_2 累计存储量分别为 $1.88×10^7 m^3$、$1.90×10^7 m^3$、$1.95×10^7 m^3$ 和 $2.05×10^7 m^3$[图 6-25(b)]。增加生产井温度可以提高 CH_4 累计产出量,但增长率较低,约 5%~10%,也可以增加 CO_2 累计注入量,但增长率更低,约为 0.4%~1%,主要由于生产井离 CO_2 注入井较远(约 288m),生产井温度变化对其影响较小。

综上所述,本章研究基于前文"无烟煤多尺度孔裂隙结构数字化重构表征"的分析成果,抽象了本次工程尺度 CO_2-ECBM 数值模拟的基本地质物理模型;基于前文"实验室尺度 CO_2-ECBM 流体连续性过程数值模拟及连续性机制分析"的分析成果,深入探讨了本次工程尺度 CO_2-ECBM 数值模拟的基本假设;重点探讨了"直接开采与 CO_2-ECBM 开采煤层气"的对比研究及"注气压力及生产井温度"对 CO_2-ECBM 效果的影响。

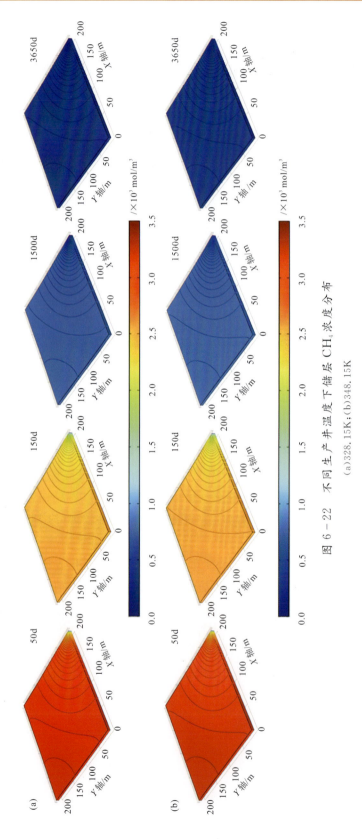

图 6-22 不同生产井温度下储层 CH_4 浓度分布

(a)328.15K;(b)348.15K

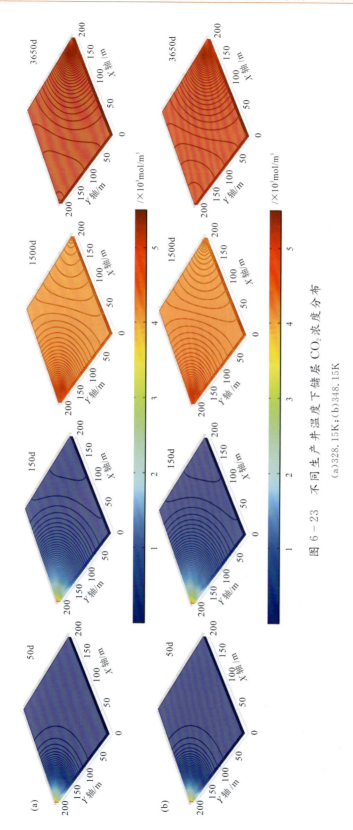

图6-23 不同生产井温度下储层 CO_2 浓度分布

(a)328.15K;(b)348.15K

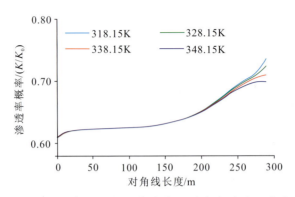

图 6-24　不同生产井温度条件下储层渗透率沿对角线的演化分布（第1800天时）

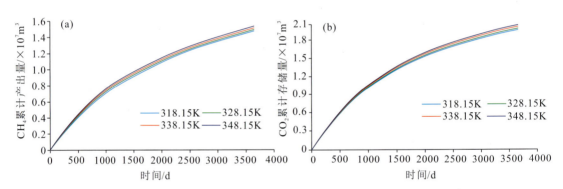

图 6-25　不同生产井温度下 CH_4 产出量及 CO_2 存储量变化分布

(a)CH_4 产出量；(b)CO_2 储存量

主要参考文献

[1] 张景廉,杜乐天,范天来,等.谁是"全球变暖"的主因——碳的自然排放源与地球化学循环及气候变化主因研究评述[J].中国科学院院刊,2012,27(2):226-233.

[2] 王恬.ScCO$_2$与煤中有机质作用及其孔隙结构响应的实验研究[D].北京:中国矿业大学(北京),2018.

[3] 刘世奇,方辉煌,桑树勋,等.基于多物理场耦合求解的煤层CO$_2$-ECBM数值模拟研究[J].煤炭科学技术,2019,47(9):51-59.

[4] 吴世跃,郭勇义,宋建国,等.CO$_2$地下处置、煤层气开采及环境保护研究分析[J].太原理工大学学报,2007,38(1):88-90.

[5] 姚伟.注二氧化碳提高煤层气采收率实验研究[D].青岛:中国石油大学(华东),2011.

[6] 鹿雯.强化煤层气采收率的深部煤层封存CO$_2$技术(CO$_2$-ECBM)进展研究[J].环境科学与管理,2019,42(11):126-130.

[7] Fang H H, Sang S X, Wang J L, et al. Simulation of paleotectonic stress fields and distribution prediction of tectonic fractures at the Hudi coal mine, Qinshui basin[J]. Acta Geologica Sinica - English Edition, 2017, 91(6): 2007-2023.

[8] 薛海飞,朱光辉,王伟,等.沁水盆地柿庄区块煤层气井压裂增产效果关键影响因素分析与实践[J].煤田地质与勘探,2019,47(04):76-81.

[9] 刘泽栋.沁水盆地柿庄南地区3#煤层裂缝特征研究[D].青岛:中国石油大学(华东),2017.

[10] Wang B, Xu F Y, Jiang B, et al. Studies on main factor coupling and its control on coalbed methane accumulation in the Qinshui Basin[J]. Energy Exploration & Exploitation, 2013a, 31(2): 167-186.

[11] 赵伟伟.沁水盆地南部地质条件及其煤层气成藏优势分析[J].中国煤炭地质,2009,21(S1):19-21.

[12] 田敏.煤层气资源量预测中的灰色系统理论研究[D].北京:中国石油大学(北京),2008.

[13] 陈晶,黄文辉,陈燕萍,等.沁水盆地煤系地层页岩储层评价及其影响因素[J].煤炭学报,2017,42(S1):215-224.

[14] 李俊,张定宇,李大华,等.沁水盆地煤系非常规天然气共生聚集机制[J].煤炭学报,2018,43(06):1533-1546.

[15] 宋岩,马行陟,柳少波,等.沁水煤层气田成藏条件及勘探开发关键技术[J].石油学报,2019,40(05):621-634.

[16] 王烽,汤达祯,刘洪林,等.利用 CO_2-ECBM 技术在寝室盆地开采煤层气和埋藏 CO_2 的潜力[J].天然气工业,2009,29(4):117-120.

[17] Cheng B, Cheng S Y, Zhang G W, et al. Seismic structure of the Helan–Liupan–Ordos western margin tectonic belt in north–central China and its geodynamic implications[J]. Journal of Asian Earth Sciences, 2014, 87(12): 141-156.

[18] Sun Y J, Dong S W, Zhang H, et al. Numerical investigation of the geodynamic mechanism for the Late Jurassic formation of the Ordos Block and surrounding orogenic belts[J]. Journal of Asian Earth Sciences, 2014, 114: 623-633.

[19] 刘浩.高煤级煤储层水力压裂的裂缝预测模型及效果评价[D].焦作:河南理工大学,2010.

[20] 刘会虎.沁南地区煤层气排采井间干扰的地球化学约束机理[D].徐州:中国矿业大学,2011.

[21] 李梦溪,崔新瑞,王立龙,等.郑村井区 15 号煤煤层气开发实践与认识[J].中国煤层气,2013,10(06):18-23+27.

[22] 程乔.沁南煤层气井排采储层伤害的耦合机理[D].淮南:安徽理工大学,2015.

[23] 贾金龙.超临界 CO_2 注入无烟煤储层煤岩应力应变效应的实验模拟研究[D].徐州:中国矿业大学,2016.

[24] 孙家广,赵贤正,桑树勋,等.基于光学显微观测的煤层裂隙发育特征、成因及其意义——以沁水盆地南部 3# 煤层为例[J].断块油气田,2016,23(6):738-744.

[25] 牛庆合.超临界 CO_2 注入无烟煤力学响应机理与可注性试验研究[D].徐州:中国矿业大学,2019.

[26] 刘书培.沁水盆地南部高阶煤储层 CO_2-ECBM 流体连续性过程模拟研究[D].徐州:中国矿业大学,2017.

[27] 陈叶,高向东,陶传奇.沁水盆地柿庄南部地区石炭二叠纪含煤岩系沉积体系特征研究[J].内江科技,2015,36(09):78-79.

[28] 崔思华,彭秀丽,鲜保安,等.沁水煤层气田煤层气成藏条件分析[J].天然气工业,2004(05):14-16+144.

[29] 丰庆泰.沁水盆地柿庄南区块煤层气藏地质特征[J].山西大同大学学报(自然科学版),2012,28(03):72-74+78.

[30] 李宁.沁水盆地中部深埋区 CO_2 封存及驱替煤层气数值模拟研究[D].徐州:中国矿业大学,2018.

[31] 贾建称.沁水盆地晚古生代含煤沉积体系及其控气作用[J].地球科学与环境学报,2007,4(29):374-382.

[32] 杨克兵,严德天,马凤芹,等.沁水盆地南部煤系地层沉积演化及其对煤层气产能的

影响分析[J].天然气勘探与开发,2013,36(04):22-29+6.

[33] 张建博,王红岩.山西沁水盆地煤层气有利区预测[M].徐州:中国矿业大学出版社,1999.

[34] 王红岩,张建博,刘洪林,等.沁水盆地南部煤层气藏水文地质特征[J].煤田地质与勘探,2001,29(5):33-36.

[35] 刘洪林,李贵中,王烽,等.沁水盆地煤层割理系统特征及其形成机理[J].天然气工业,2008,28(3):36-39.

[36] 刘学锋,张伟伟,孙建孟.三维数字岩心建模方法综述[J].地球物理学进展,2013,28(6):3066-3072.

[37] 朱洪林.低渗砂岩储层孔隙结构表征及应用研究[D].成都:西南石油大学,2014.

[38] 杨延辉,刘世奇,桑树勋,等.基于三维空间表征的高阶煤连通孔隙发育特征[J].煤炭科学技术,2016,44(10):70-76.

[39] Zhou S D, Liu D M, Cai Y D, et al. 3D characterization and quantitative evaluation of pore-fracture networks of two Chinese coals using FIB-SEM tomography[J]. International Journal of Coal Geology, 2017, 174, 41-54.

[40] Zhu H J, Ju Y W, Lu W D, et al. The characteristics and evolution of micro-nano scale pores in shales and coals[J]. Journal of Nanoscience and Nanotechnology, 2017, 17(9): 6124-6138.

[41] Li Z T, Liu D M, Cai Y D, et al. Multi-scale quantitative characterization of 3-D pore-fracture networks in bituminous and anthracite coals using FIB-SEM tomography and X-ray mu-CT[J]. Fuel, 2017b, 209: 43-53.

[42] Wang G, Qin X J, Shen J N, et al. Quantitative analysis of microscopic structure and gas seepage characteristics of low-rank coal based on CT three-dimensional reconstruction of CT images and fractal theory[J]. Fuel, 2019a, 256: 115 900.

[43] Ju Y, Xi C D, Zhang Y, et al. Laboratory in situ CT observation of the evolution of 3D fracture networks in coal subjected to confining pressures and axial compressive loads: A novel approach[J] Rock Mechanics and Rock Engineering, 2018, 51(11): 3361-3375.

[44] Wu H, Yao Y B, Zhou Y F, et al. Analyses of representative elementary volume for coal using X-ray mu-CT and FIB-SEM and its application in permeability predication model[J]. Fuel, 2019, 254: 115 563.

[45] Li Z W, Zhang G Y. Fracture segmentation method based on contour evolution and gradient direction consistency in sequence of coal rock CT images[J]. Mathematical Problems in Engineering, 2019, 1: 1-8.

[46] Ma Y, Zhong N N, Huang X Y, et al. The application of focused ion beam scanning electron microscope (FIB-SEM) to the nanometer-sized pores in shales[J]. Journal

of Chinese Electron Microscopy Society,2014,3(33):251-256.

[47] Liu S Q,Sang S X,Wang G,et al. FIB-SEM and X-ray CT characterization of interconnected pores in high-rank coal formed from regional metamorphism[J]. Journal of Petroleum Science and Engineering,2017a,148:21-31.

[48] Zhou H W,Zhong J C,Ren W G,et al. Characterization of pore-fracture networks and their evolution at various measurement scales in coal samples using X-ray mu-CT and a fractal method[J]. International Journal of Coal Geology,2018a,189:35-49.

[49] Ge M N,Ren S M,Guo T X,et al. Characterizing the micropores in lacustrine shales of the late Cretaceous Qingshankou formation of southern songliao Basin,NE China[J]. Acta Geologica Sinica-English Edition,2018,92(6):2267-2279.

[50] Zhou S D,Liu D M,Cai Y D,et al. Comparative analysis of nanopore structure and its effect on methane adsorption capacity of Southern Junggar coalfield coals by gas adsorption and FIB-SEM tomography[J]. Microporous and Mesoporous Materials,2018b,272:117-128.

[51] Liu S Q,Sang S X,Ma J S,et al. Three-dimensional digitalization modeling characterization of pores in high-rank coal in the southern Qinshui basin[J]. Geosciences Journal,2019a,23(1):175-188.

[52] 刘世奇,桑树勋,Ma J S,等.沁水盆地南部高阶煤储层结构三维数字化表征[C]. 2016年煤层气学术研讨会论文集,2016.

[53] 方辉煌,桑树勋,刘世奇,等.基于微米焦点CT技术的煤岩数字岩石物理分析方法研究——以沁水盆地伯方3号煤为例[J].煤田地质与勘探,2018,46(05):167-174+181.

[54] 王代刚,胡永乐.基于微焦点CT的三维数字岩心分析研究进展[J].大庆石油地质与开发,2015,34(6):62-70.

[55] Fernandes J S,Appoloni C R,Fwenandes C P. Accuracy evaluation of an X-ray microtomography system[J]. Micron,2016,85:34-38.

[56] 王冬欣.基于Micro-CT图像的数字岩心孔隙级网络建模研究[D].长春:吉林大学,2015.

[57] 王勇.基于微米X-CT数字岩心的孔隙尺度粒子传输模拟[D].北京:中国石油大学(北京),2016.

[58] 刘向君,朱洪林,梁利喜.基于微CT技术的砂岩数字岩石物理实验[J].地球物理学报,2014,57(4):1133-1140.

[59] Ni X M,Miao J,Lv R S,et al. Quantitative 3D spatial characterization and flow simulation of coal macropores based on mu CT technology[J]. Fuel,2017,200:199-207.

[60] 王建福.基于多组分三维数字岩心的致密砂岩电阻率数值模拟研究[D].青岛:中国石油大学(华东),2017.

[61] Roslin A,Pokrajac D,Zhou Y F. Cleat structure analysis and permeability simu-

lation of coal samples based on micro-computed tomography (micro-CT) and scan electron microscopy (SEM) technology[J]. Fuel, 2019, 254: 115579.

[62] Wang Y, Lin C L, Miller J D. Improved 3D image segmentation for X-ray tomographic analysis of packed particle beds[J]. Minerals Engineering, 2015a, 83: 185-191.

[63] 马勇,钟宁宁,黄小艳,等.聚集离子束扫描电镜(FIB-SEM)在页岩纳米级孔隙结构研究中的应用[J].电子显微学报,2014,33(3):251-256.

[64] 马勇,钟宁宁,程礼军,等.渝东南两套富有机质页岩的孔隙结构特征——来自FIB-SEM的新启示[J].石油实验地质,2015,37(1):109-116.

[65] 王羽,汪丽华,王建强,等.基于聚焦离子束-扫描电镜方法研究页岩有机孔三维结构[J].岩矿测试,2018,37(03):235-243.

[66] Fang H H, Sang S X, Liu S Q. Methodology of three-dimensional visualization and quantitative characterization of nanopores in coal by using FIB-SEM and its application with anthracite in Qinshui basin[J]. Journal of Petroleum Science and Engineering, 2019a, 182: 106 285.

[67] Curtis M E, Sondergeld C H, Ambrose R J, et al. Microstructural investigation of gas shales in two- and three-dimensions using nanometer-scale resolution imaging [J]. AAPG Bulletin, 2012, 96(4): 665-677.

[68] 户瑞林,滕奇志,何小海,等.基于主动轮廓的岩心FIB-SEM序列图像孔隙提取方法[J].现代计算机(专业版),2018,27:36-41.

[69] 孙亮,王晓琦,金旭,等.微纳米孔隙空间三维表征与连通性定量分析[J].石油勘探与开发,2016,43(03):490-498.

[70] Hemes S, Desbois G, Urai J L, et al. Multi-scale characterization of porosity in boom clay (HADES-Level, Mol, Belgium) using a combination of X-ray m-CT, 2D BIB-SEM and FIB-SEM Tomography[J]. Microporous Mesoporous Mater, 2015, 208: 1-20.

[71] Zhou S W, Yan G, Xue H Q, et al. 2D and 3D nanopore characterization of gas shale in Longmaxi formation based on FIB-SEM [J]. Marine & Petroleum Geology, 2016b, 73: 174-180.

[72] Zhou G, Zhang Q, Bai R N, et al. Characterization of coal micro-pore structure and simulation on the seepage rules of low-pressure water based on CT scanning data[J]. Minerals, 2016a, 6(3): 1-16.

[73] Yuan C, Chareyre B, Darve F. Pore-scale simulations of drainage in granular materials: Finite size effects and the representative elementary volume[J]. Advances in Water Resources, 2015, 95: 24+109.

[74] Harpreet S. Representative Elementary Volume (REV) in spatio-temporal domain: A method to find REV for dynamic pores[J]. Journal of Earth Science, 2017,

28(2):391-403.

[75] 刘洪平.鄂尔多斯盆地定北地区太原组致密砂岩气层开发地质评价[D].武汉:中国地质大学(武汉),2017.

[76] Vik B, Bastesen E, Skauge A. Evaluation of representative elementary volume for a vuggy carbonate rock – Part: Porosity, permeability, and dispersivity[J]. Journal of Petroleum Science and Engineering, 2013, 112(3):36-47.

[77] Silin D, Patzek T. Pore space morphology analysis using maximal inscribed spheres[J]. Physica A Statistical Mechanics & Its Applications, 2006, 371(2):336-360.

[78] 雷健,潘保芝,张丽华.基于数字岩心和孔隙网络模型的微观渗流模拟研究进展[J].地球物理学进展,2018,33(02):653-660.

[79] 王晨晨,姚军,杨永飞,等.碳酸盐岩双孔隙数字岩心结构特征分析[J].中国石油大学学报(自然科学版),2013,37(2):71-74.

[80] 崔利凯,孙建孟,闫伟超,等.基于多分辨率图像融合的多尺度多组分数字岩心构建[J].吉林大学学报(地球科学版),2017,47(06):1904-1912.

[81] 陈彦君,苏雪峰,王钧剑,等.基于X射线微米CT扫描技术的煤岩孔裂隙多尺度精细表征——以沁水盆地南部马必东区块为例[J].油气地质与采收率,2019,26(05):66-72.

[82] Du Y, Sang S X, Wang W F, et al. Experimental study of the reactions of supercritical CO_2 and minerals in high – rank coal under formation conditions[J]. Energy & Fuels, 2018, 32(2):1115-1125.

[83] Liu S Q, Sang S X, Liu H H, et al. Growth characteristics and genetic types of pores and fractures in a high – rank coal reservoir of the southern Qinshui basin[J]. Ore Geology Reviews, 2015a, 64(0):140-151.

[84] Weishauptova Z, Medek J, Kova'ø L. Bond forms of methane in porous system of coal Ⅱ[J]. Fuel, 2004, 83(13):1759-1764.

[85] Yao Y B, Liu D M, Cai Y D, et al. Advanced characterization of pores and fractures in coals by nuclear magnetic resonance and X – ray computed tomography[J]. Science China – Earth Sciences, 2010, 53(6):854-862.

[86] Moore T A. Coalbed methane: A review[J]. International Journal of Coal Geology, 2012, 101(6):36-81.

[87] Liu S Q, Sang S X, Zhu Q P, et al. Triple medium physical model of post fracturing high – rank coal reservoir in Southern Qinshui basin[J]. Journal of Earth Science, 2015b, 26(3):407-415.

[88] Pan Z J, Connell L D, Camilleri M, et al. Effects of matrix moisture on gas diffusion and flow in coal[J]. Fuel, 2010, 89(1):3207-3217.

[89] Pillalamarry M, Harpalani S, Liu S. Gas diffusion behavior of coal and its impact on production from coalbed methane reservoirs[J]. International Journal of Coal Geology,

2011,86:342-348.

[90] Garbout A, Munkholm L J, Hansen S B. Temporal dynamics for soil aggregates determined using X-ray CT scanning[J]. Geoderma, 2013, 204-205(4): 15-22.

[91] Gerami A, Mostaghimi P, Armstrong R T, et al. A microfluidic framework for studying relative permeability in coal[J]. International Journal of Coal Geology, 2016, 159: 183-193.

[92] Wang H P, Yang Y S, Wang Y D, et al. Data-constrained modelling of an anthracite coal physical structure with multi-spectrum synchrotron X-ray CT[J]. Fuel, 2013b, 106: 219-225.

[93] Cai Y D, Liu D M, Zhang K M, et al. Preliminary evaluation of gas content of the No. 2 coal seam in the Yanchuannan area, southeast Ordos basin, China[J]. Journal of Petroleum Science and Engineering, 2014, 122: 675-689.

[94] Viljoen J, Campbell Q P, Roux M, et al. An analysis of the slow compression breakage of coal using microfocus X-ray computed tomography[J]. International Journal of Coal Preparation and Utilization, 2015, 35(1): 1-13.

[95] Sok R M, Knackstedt M A, Sheppard A P, et al. Direct and stochastic generation of network models from tomographic images: effect of topology on residual saturations[J]. Transport in Porous Media, 2002, 46: 345-371.

[96] Prodanović M, Lindquist W B, Seright R S. 3D imagebased characterization of fluid displacement in a Berea core[J]. Advances in Water Resources, 2007, 30: 214-226.

[97] Lindquist W B, Venkatarangan A, Dunsmuir J, et al. Pore and throat size distributions measured from synchrotron X-ray tomographic images of Fontainebleau sandstones[J]. Journal of Geophysical Research Solid Earth, 2000, 105: 21 509-21 527.

[98] Vogel H J, Roth K. Quantitative morphology and network representation of soil pore structure[J]. Advances in Water Resources, 2001, 24: 233-242.

[99] Delerue J F, Perrier E. DXSoil, a library for 3D image analysis in soil science[J]. Computers and Geosciences, 2002, 28: 1041-1050.

[100] Knackstedt M, Arns C, Saadatfar M, et al. Virtual materials design: properties of cellular solids derived from 3D tomographic images[J]. Advanced Engineering Materials, 2005, 7: 238-243.

[101] 隋微波,权子涵,侯亚南,等.利用数字岩心抽象孔隙模型计算孔隙体积压缩系数[J].石油勘探与开发,2020,11(02):1-9.

[102] 王团,赵海波,李奎周,等.一种考虑复杂孔隙结构的泥页岩地震岩石物理模型[J].中国石油大学学报(自然科学版),2019,43(03):45-55.

[103] Wang T, Sang S X, Liu S Q, et al. Occurrence and genesis of minerals and their influences on pores and fractures in the high-rank coals[J]. Energy Exploration &

Exploitation,2016c,34:899-914.

[104] Liu X Q, He X, Qiu N X, et al. Molecular simulation of CH_4, CO_2, H_2O and N_2 molecules adsorption on heterogeneous surface models of coal[J]. Applied Surface Science,2016c,389:894-905.

[105] Liu T, Lin B Q, Yang W. Impact of matrix-fracture interactions on coal permeability: model development and analysis[J]. Fuel,2017b,207:522-532.

[106] Li S, Fan C J, Han J, et al. A fully coupled thermal-hydraulic-mechanical model with two-phase flow for coalbed methane extraction[J]. Journal of Natural Gas Science and Engineering,2016,33:324-336.

[107] Giffin S, Littke R, Klaver J, et al. Application of BIB-SEM technology to characterize macropore morphology in coal[J]. International Journal of Coal Geology,2013,114(0):85-95.

[108] 魏博熙.应用数字岩心技术模拟高温高压气水渗流[D].成都:西南石油大学,2017.

[109] 孙英峰.基于煤三维孔隙结构的气体吸附扩散行为研究[D].北京:中国矿业大学(北京),2018.

[110] Clarkson C R, Bustin R M. Binary gas adsorption/desorption isotherms: effect of moisture and coal composition upon carbon dioxide selectivity over methane[J]. International Journal of Coal Geology,2000,42(4):241-271.

[111] Shi J Q, Mazumder S, Wolf K H, et al. Competitive methane desorption by supercritical CO_2 injection in Coal[J]. Transport Porous Media,2008,75(1):35-54.

[112] Cervik J. Behavior of coal-gas reservoirs[C]. Presented at the SPE Eastern Regional Meeting. Pittsburgh, Pennsylvania, USA, 1967: SPE-1973-MS.

[113] 桑树勋.二氧化碳地质存储与煤层气强化开发有效性研究述评[J].煤田地质与勘探,2018,46(05):1-9.

[114] 梁卫国,张倍宁,韩俊杰,等.超临界CO_2驱替煤层CH_4装置及试验研究[J].煤炭学报,2014,39(8):1151-1160.

[115] Ranathunga A S, Perera M S A, Ranjith P G. Influence of CO_2 adsorption on the strength and elastic modulus of low rank Australian coal under confining pressure[J]. International Journal of Coal Geology,2016,167:148-156.

[116] Ranathunga A S, Perera M S A, Ranjith P G, et al. An experimental investigation of applicability of CO_2 enhanced coal bed methane recovery to low rank coal[J]. Fuel,2017,189:391-399.

[117] Zhao Y X, Sun Y F, Liu S M, et al. Pore structure characterization of coal by NMR cryoporometry[J]. Fuel,2017,190:359-369.

[118] Oscik J. Adsorption [M]. Warszawa Poland: PWN-Polish Scientific

Publishers, 1979.

[119] Gregg S J, Sing K S W. Adsorption Surface Area and Porosity[M]. London: Academic Press, 1982.

[120] 于不凡,王佑安.煤矿瓦斯灾害防治及利用技术手册[M].北京:煤炭工业出版社,2000.

[121] 夏会辉,杨宏民,王兆丰,等.注气置换煤层甲烷技术机理的研究现状[J].煤矿安全,2012,43(7):167-171.

[122] 杨宏民,王兆丰,任子阳,等.煤中二元气体竞争吸附与置换解吸的差异性及其置换规律[J].煤炭学报,2015,40(7):1550-1554.

[123] 周强,丁瑞,刘增智.煤层储存二氧化碳的研究进展[J].煤炭科学技术,2008,36(11):109-112.

[124] 魏建平,李明助,王登科,等.煤样渗透率围压敏感性试验研究[J].煤炭科学技术,2014,42(6):76-80.

[125] Luo F, Xu R N, Jiang P X. Numerical investigation of the influence of vertical permeability heterogeneity in stratified formation and of injection/production well perforation placement on CO_2 geological storage with enhanced CH_4 recovery[J]. Applied Energy, 2013, 102(1): 1314-1323.

[126] Meng M, Qiu Z S. Experiment study of mechanical properties and microstructures of bituminous coals influenced by supercritical carbon dioxide[J]. Fuel, 2018, 219: 223-238.

[127] Fang H H, Sang S X, Liu S Q, et al. Experimental simulation of replacing and displacing CH_4 by injecting supercritical CO_2 and its geological significance[J]. International Journal of Greenhouse Gas Control, 2019b, 81:115-125.

[128] Fang H H, Sang S X, Liu S Q. Establishment of dynamic permeability model of coal reservoir and its numerical simulation during the CO_2-ECBM process[J]. Journal of Petroleum Science and Engineering, 2019c, 179: 885-898.

[129] Wu Y, Liu J S, Chen Z W, et al. A dual poro-elastic model for CO_2-enhanced coalbed methane recovery[J]. International Journal of Coal Geology, 2011, 86: 177-189.

[130] Fan Y P, Deng C B, Zhang X, et al. Numerical study of CO_2-enhanced coalbed methane recovery[J]. International Journal of Greenhouse Gas Control, 2018, 76: 12-23.

[131] Qu H Y, Liu J S, Chen Z W, et al. Complex evolution of coal permeability during CO_2 injection under variable temperatures[J]. International Journal of Greenhouse Gas Control, 2012, 9: 281-293.

[132] Wang G, Wang K, Jiang Y J, et al. Reservoir permeability evolution during the process of CO_2-enhanced coalbed methane recovery[J]. Energies, 2018a, 11: 2996.

[133] Wang G, Wang K, Wang S G, et al. An improved permeability evolution model

and its application in fractured sorbing media[J]. Journal of Natural Gas Science and Engineering, 2018b, 56: 222 - 232.

[134] Wu Y, Liu J S, Elsworth D, et al. Dual poroelastic response of a coal seam to CO_2 injection[J]. International Journal of Greenhouse Gas Control, 2010, 4(4): 668 - 678.

[135] Zhu W C, Wei C H, Liu J, et al. A model of coal - gas interaction under variable temperatures[J]. International Journal of Greenhouse Gas Control, 2011, 86(2 - 3): 213 - 221.

[136] Ren T, Wang G D, Cheng Y P, et al. Model development and simulation study of the feasibility of enhancing gas drainage efficiency through nitrogen injection[J]. Fuel, 2017, 194: 406 - 422.

[137] Mora C A, Wattenbarger R A. Analysis and verification of dual porosity and CBM shape factors[J]. Journal of Canadian Petroleum Technology, 2009, 48(2): 17 - 21.

[138] Chen D, Pan Z J, Liu J S, et al. An improved relative permeability model for coal reservoirs[J]. International Journal of Coal Geology, 2013, 109 - 110: 45 - 57.

[139] Ma T R, Rutqvist J, Oldenburg C M, et al. Fully coupled two - phase flow and poro - mechanics modeling of coalbed methane recovery: Impact of geomechanics on production rate[J]. Journal of Natural Gas Science and Engineering, 2017, 45: 474 - 486.

[140] Wang J G, Kabir A, Liu J S, et al. Effects of non - Darcy flow on the performance of coal seam gas wells[J]. International Journal of Coal Geology, 2012, 93: 62 - 74.

[141] Cui G L, Liu J S, Wei M Y, et al. Evolution of permeability during the process of shale gas extraction[J]. Journal of Natural Gas Science and Engineering, 2018, 49: 94 - 109.

[142] Meng M, Zamanipour Z, Miska S, et al. Dynamic wellbore stability analysis under tripping operations[J]. Rock Mechanics and Rock Engineering, 2019, 52(9): 3063 - 3083.

[143] Zimmerman R W. Coupling in poroelasticity and thermoelasticity[J]. International Journal of Rock Mechanics and Mining Sciences, 2000, 37(1 - 2): 79 - 87.

[144] Zimmerman R W, Somerton W H, King M S. Compressibility of porous rocks [J]. Journal of Geophysical Research: Solid Earth, 2012, 91: 12765 - 12777.

[145] Wong S, Law D, Deng X H, et al. Enhanced coalbed methane and CO_2 storage in anthracitic coals micro pilot test at South Qinshui, Shanxi, China[J]. International Journal of Greenhouse Gas Control, 2007, 1: 215 - 222.